日本エネルギー学会　編
シリーズ　21世紀のエネルギー ⑩

太陽熱発電・燃料化技術
― 太陽熱から電力・燃料をつくる ―

吉田　　一雄
児玉　　竜也 共著
郷右近 展之

コロナ社

日本エネルギー学会
「シリーズ　21世紀のエネルギー」編集委員会

委 員 長	小島　紀徳	（成蹊大学）
副委員長	八木田浩史	（日本工業大学）
委　　員	児玉　竜也	（新潟大学）
（五十音順）	関根　　泰	（早稲田大学）
	銭　　衛華	（東京農工大学）
	堀尾　正靱	（科学技術振興機構）
	山本　博巳	（電力中央研究所）

（2009年2月現在）

刊行のことば

　本シリーズが初めて刊行されたのは，2001年4月11日のことである．21世紀に突入するにあたり，この世紀のエネルギーはどうなるのか，どうなるべきかをさまざまな角度から考えるという意味をタイトルに込めていた．そしてその第1弾は，拙著『21世紀が危ない――環境問題とエネルギー――』であった．当時の本シリーズ編集委員長 堀尾正朝先生（現在は日本エネルギー学会出版委員長，兼 本シリーズの編集委員）による刊行のことばを少し引用させていただきながら，その後を振り返るとともに，将来を俯瞰してみたい．
　『科学技術文明の爆発的な展開が生み出した資源問題，人口問題，地球環境問題は21世紀にもさらに深刻化の一途をたどっており，人類が解決しなければならない大きな課題となっています．なかでも，私たちの生活に深くかかわっている「エネルギー問題」は上記三つのすべてを包括したきわめて大きな広がりと深さを持っているばかりでなく，景気変動や中東問題など，目まぐるしい変化の中にあり，電力規制緩和や炭素税問題，リサイクル論など毎日の新聞やテレビを賑わしています．』とまず書かれている．2007年から2008年にかけて起こったことは，京都議定書の約束期間への突入，その達成の難しさの中で当時の安倍総理による「美しい星50」提案，そして競うかのような世界中からのCO_2削減提案．あの米国ですら2009年にはオバマ政権へ移行し，環境重視政策が打ち出された．このころのもう一つの流れは，原油価格高騰，それに伴うバイオ燃料ブーム．資源価格，廃棄物価格も高騰した．しかし米国を発端とする金融危機から世界規模の不況，そして2008年末には原油価格，資源価格は大暴落した．本稿をまとめているのは2009年2月であるが，たった数か月前には考えもつかなかった有様だ．嵐のような変動が，「エネルギー」を中心とした渦の中に，世界中をたたき込んでいる．
　もちろんこの先はどうなるか，だれも予測がつかない，といってしまえばそれまでだ．しかし，このままエネルギーのほとんどを化石燃料に頼っているとすれば数百年後には枯渇するはずであるし，その一番手として石油枯渇がすぐ目に見えるところにきている．だからこそ石油はどう使うべきか，他のエネル

ギーはどうあるべきかをいま，考えるべきなのだ．新しい委員会担当のまず初めは石油．ついで農（バイオマスの一つではあるが…），原子力，太陽，…と続々，魅力的なタイトルが予定されている．

再度堀尾先生の言葉を借りれば，『第一線の専門家に執筆をおねがいした本「シリーズ21世紀のエネルギー」の刊行は，「大きなエネルギー問題をやさしい言葉で！」「エネルギー先端研究の話題を面白く！」を目標に』が基本線にあることは当然である．しかし，これに加え，読者各位がこの問題の本質をとらえ，自らが大きく揺れる世界の動きに惑わされずに，人類の未来に対してどう生き，どう行動し，どう寄与してゆくのか，そしてどう世の中を動かしてゆくべきかの指針が得られるような，そんなシリーズでありたい，そんなシリーズにしてゆきたいと強く思っている．

これまでの本シリーズに加え，これから発刊される新たな本も是非，勉強会，講義・演習などのテキストや参考書としてご活用いただければ幸甚である．また，これまで出版された本シリーズへのご意見やご批判，そしてこれからこのようなタイトルを取り上げて欲しい，などといったご提案も是非，日本エネルギー学会にお寄せいただければ幸甚である．

最後にこの場をお借りし，これまで継続的に（実際，多くの本シリーズの企画や書名は，非常に長い間多くの関係者により議論され練られてきたものである）多くの労力を割いていただいた歴代の本シリーズ編集委員各位，著者各位，学会事務局，コロナ社に心から御礼申し上げる次第である．さらに加えて，現在本シリーズ編集委員会は，エネルギーのさまざまな分野の専門家から構成される日本エネルギー学会誌編集委員会に併せて開催することで，委員各位からさまざまなご意見を賜りながら進めている．学会誌編集委員会委員および関係者各位に御礼申し上げるとともに，まさに学会員のもつ叡智のすべてを結集し編集しているシリーズであることを申し添えたい．もし，現在本学会の学会員ではない読者が，さらにより深い知識を得たい，あるいは人類の未来のために活動したい，と思われたのであれば，本学会への入会も是非お考えいただくようお願いする次第である．

2009年2月

「シリーズ21世紀のエネルギー」　編集委員長　小島　紀徳

はじめに

　人類は石炭や石油などの一次エネルギーを利用しているが，これらの資源はいずれも有限であり，いつかは枯渇してしまう。これに対して，太陽エネルギーは地球外から供給される唯一の一次エネルギー源であり，少なくとも人類のタイムスケールを基準とすると，その寿命は悠久といってよい。

　太陽エネルギーの量は莫大であり，1時間ほど地表に照射されるエネルギー量は，全人類が1年間に消費するエネルギー量に相当する。しかし，太陽エネルギーをエネルギー源として利用する場合には，いくつかの問題がある。すなわち，エネルギー密度が高々 $1\,kW/m^2$ と低く，曇りの日や夜は利用できないことなどであるが，これらは工夫によって克服が可能である。地球外から供給される唯一の，クリーンで悠久の太陽エネルギーを積極的に利用することは，地球温暖化のみならず，石油などの有限資源の供給限界に対する懸念から，今後さらに重要になってくると考えられる。

　太陽は，生命体にとって欠くことができないエネルギー源であり，人類も直接的・間接的に太陽の恩恵にあずかり，また，積極的にエネルギー源として利用してきた。特に近年は，太陽エネルギーによる発電や燃料製造にまでその分野は拡大している。

　日本人は，太陽エネルギーによる発電となると，すぐに太陽光発電（以下，photovoltaic，PV）を思い浮べる。しかし世界的には，PVに加えて集光型太陽熱発電（concentrating solar power，CSP）も重視されている。国際エネルギー機関（IEA）が2008年に発行した出版物で，地球温暖化抑制技術に関して記述したETP 2008（Energy Technology Perspectives 2008）では，CSPは地球温暖化抑制に重要な17の技術の一つに挙げられている[1],[†]。PVは，半導体に光があたると，その光起電力によって発電するが，CSPは文字どおり太陽光を集光して熱へと変換し発電するものである。子供の頃に虫眼鏡で太陽光を集

---
　† 肩付き番号は巻末の引用・参考文献番号を示す。

光し，焦点付近に置いた紙を燃やした経験があると思うが，CSP の原理はまさにその熱を利用して発電をするものである。PV と CSP にはそれぞれ長所・短所があるが，CSP が優れている点は蓄熱システムが利用できることである。このシステムを使うことで，雲により日差しが遮られた場合でも，日没から夜半までの電力需要が多い時間帯にも，太陽エネルギーで発電した電力を供給することが可能になる。

　集光太陽光で得た高温の熱エネルギーの利用は，発電だけにとどまらない。この熱エネルギーを利用した水素などの燃料製造（ソーラフューエル）の研究・開発も盛んに行われている。CSP は世界のすべての地域で利用可能というわけではないが，ソーラフューエルを利用することにより，世界のどこでも新たな太陽エネルギーの恩恵を受けることが可能になる。

　本書では，太陽光を集光し，熱へと変換することによって得られる高温の熱エネルギーを用いた発電とソーラフューエルの製造について説明する。

2012 年 7 月

吉田　一雄

児玉　竜也

郷右近 展之

目　　　次

1　太陽エネルギーの利用と集光型太陽熱発電（CSP）

1.1　集光型太陽熱発電（CSP）の概要 …………………………………… *1*
　1.1.1　集光の重要性 ……………………………………………………… *1*
　1.1.2　CSPのシステム概要 ……………………………………………… *4*
　1.1.3　CSP と PV …………………………………………………………… *8*
　1.1.4　発電コスト ………………………………………………………… *11*
1.2　世界の日射量と発電ポテンシャル …………………………………… *13*
　1.2.1　世界の日射量分布 ………………………………………………… *13*
　1.2.2　発電ポテンシャル ………………………………………………… *14*
　1.2.3　市場と発電量の今後の見通し …………………………………… *16*
　1.2.4　デザーテック計画 ………………………………………………… *18*

2　CSPの要素技術

2.1　太陽の追尾 ……………………………………………………………… *22*
　2.1.1　太陽追尾の必要性 ………………………………………………… *22*
　2.1.2　太陽追尾技術 ……………………………………………………… *23*
2.2　太陽光の反射と反射鏡 ………………………………………………… *26*
　2.2.1　太陽光の反射 ……………………………………………………… *26*
　2.2.2　反射鏡 ……………………………………………………………… *28*
2.3　レシーバと蓄熱技術 …………………………………………………… *31*
　2.3.1　太陽エネルギーの吸収と選択吸収膜 …………………………… *31*

2.3.2　レシーバのエネルギーバランスと集光の効果 …………………… 34
　2.3.3　蓄熱システム …………………………………………………………… 37

3　CSPの技術

3.1　パラボラ・トラフ型CSP ………………………………………………… 44
　3.1.1　パラボラ・トラフ型コレクタの構造 ………………………………… 44
　3.1.2　レ　シ　ー　バ ………………………………………………………… 50
　3.1.3　コレクタ性能に及ぼす各種要因 ……………………………………… 52
　3.1.4　CSPにおける発電法 …………………………………………………… 54
　3.1.5　パラボラ・トラフ型CSPの高効率化 ………………………………… 57
　3.1.6　パラボラ・トラフ型プラントの応用 ………………………………… 62
　3.1.7　パラボラ・トラフ型CSPの投資コスト ……………………………… 64
3.2　リニア・フレネル型CSP …………………………………………………… 65
　3.2.1　リニア・フレネル型コレクタの構造 ………………………………… 65
　3.2.2　LFCの集光特性 ………………………………………………………… 70
　3.2.3　PTCとの比較によるLFCの優位性 …………………………………… 72
3.3　タワー型CSP ………………………………………………………………… 76
　3.3.1　タワー型CSPの構成 …………………………………………………… 76
　3.3.2　ヘリオスタット ………………………………………………………… 78
　3.3.3　ヘリオスタットフィールド …………………………………………… 86
　3.3.4　熱媒体の種類 …………………………………………………………… 92
　3.3.5　レ　シ　ー　バ ………………………………………………………… 93
　3.3.6　タワー型CSPの大規模化 ……………………………………………… 98
　3.3.7　タワー型CSPのバリエーション …………………………………… 101
　3.3.8　ソーラガスタービン ………………………………………………… 103
　3.3.9　タワー型プラントのコスト ………………………………………… 106
3.4　パラボラ・ディッシュ型CSP …………………………………………… 108
　3.4.1　パラボラ・ディッシュ型の構造 …………………………………… 108
　3.4.2　レシーバとエンジン ………………………………………………… 110

  3.4.3　蓄熱システム ··· *111*
3.5　CSP の 課 題 ·· *113*
  3.5.1　発電コストの低下 ··· *113*
  3.5.2　水 の 問 題 ··· *116*
  3.5.3　土 壌 の 影 響 ··· *117*
  3.5.4　地 形 の 影 響 ··· *118*

4　太陽熱燃料化

4.1　熱化学転換法による太陽熱燃料化の重要性と原理 ······················ *120*
4.2　燃料化システムの集光系 ·· *124*
4.3　太陽熱燃料化技術の分類 ·· *125*
4.4　ソーラ水素製造の経済性評価 ·· *127*
  4.4.1　CO_2 フリー水素製造コストの比較 ·· *127*
  4.4.2　天然ガスからの水素製造コスト比較 ·· *129*
4.5　高温太陽熱水分解サイクル ··· *129*
  4.5.1　二段階水熱分解サイクル ·· *129*
  4.5.2　Sulfur–Iodine（S–I）サイクル ··· *139*
  4.5.3　Hybrid–sulfur サイクル ·· *139*
4.6　天然ガス・バイオガスのソーラ改質 ······································· *140*
  4.6.1　熱交換型（間接加熱型）チューブラ改質器 ······························· *140*
  4.6.2　直接照射型チューブラ改質器 ·· *141*
  4.6.3　直接照射型ボルメトリック改質器 ··· *142*
4.7　炭素資源(石炭・バイオマス・コークスなど)のソーラガス化 ·········· *144*

5　集光型太陽熱発電と太陽熱燃料化の将来性

引用・参考文献 ··· *155*

1 太陽エネルギーの利用と集光型太陽熱発電(CSP)

　本章では，太陽光を集光する必要性と集光型太陽熱発電（CSP）の概要を説明し，太陽光発電（PV）との比較を行う。また，世界のCSPの発電ポテンシャルや今後の市場の見通しについても言及する。さらに，北アフリカでCSPを用いて発電し，ヨーロッパ諸国へ送電するデザーテック計画に関する説明も行う。本章だけでCSPの概要が理解できるように記述した。

1.1　集光型太陽熱発電（CSP）の概要

1.1.1　集光の重要性

　太陽エネルギーは，地球外から供給される唯一の一次エネルギー源であり，莫大な量がつねに地球に降り注いでいる。しかし，太陽エネルギーを効率良く利用する際には問題点があり，少々工夫が必要である。太陽エネルギーを利用する際の問題点は，エネルギー密度が低いことと，地球から見れば太陽は絶えず移動していることである。また，天候の変化に影響されることも周知である。集光型太陽熱発電（concentrating solar power, CSP）の場合も，これらの問題点とは切っても切れない関係にある。

　エネルギーを効率良く利用するためには，熱力学の第二法則からも明らかなように，一次側で高温が必要である。しかし，地表面では高々約 $1\,\mathrm{kW/m^2}$ とエネルギー密度が低い太陽エネルギーから高温を得るためには，集光してエネルギー密度を高める必要がある。子供の頃に虫めがねを使って紙を燃やしたこ

とがあると思うが，その時の経験からも明らかである。すなわち，夏の強い日差しの下に紙を置いても燃え上がることはないが，レンズの面（アパチャ）に入るわずかな光の量でも，その焦点に紙を置くと一瞬の間に燃え上がる。

光を熱に変換するレシーバに関して集光のメリットを考えると，レシーバの集光面を狭くすることができ，この部分だけ放熱性を下げることにより，熱損失を大幅に低減できることにある。確かに，集光度が高くなると温度は上がり，熱放射は絶対温度の4乗に比例して増加するが，レシーバ表面の放射率を低下させることで放射損失を軽減することができる。また，一般に光を集光する部材よりも，光を熱に変換するレシーバのほうが高コストであるので，ある程度集光度を高め，レシーバ面積を低下させることは低コスト化にもつながる。

ところで，太陽光を「集光」する際には，太陽からまっすぐにくる「直達光」しか集光することができない。これは，ベクトルの向きがほぼそろっている光でないと1点（もしくは直線上）に集光できないためである。空から降り注ぐ太陽光にはもう一つ「散乱光」があるが，これは直達光が大気中を通る間に空気中の水分や塵埃などによって散乱されたものであり，その向きはランダムである。したがって，散乱光は集光できないことになる。日本でよく見られる，晴れていても薄く雲がかかったような状態では散乱光が多い。CSPは集光を伴うものであり，日射のなかで利用できるのは直達光だけで，散乱光は利用できない。

CSPの発電量は，この直達日射量（direct normal irradiation もしくは direct normal insolation, DNI）に比例し，DNIが高いほど発電量が多く，発電コストも低下する。DNIの量的な目安として，CSPを設置し活用するためには，少なくとも年間 $1\,800\,\mathrm{kWh/m^2}$，CSPの商業運転には，年間 $2\,000\,\mathrm{kWh/m^2}$ 以上が望ましいといわれている[1]。

集光の程度は集光度で与えられる。集光度の定義は，反射鏡の面積，より正確に言えば，投影断面積であるアパチャ（開口部）の面積と，光から熱へと変換するレシーバ部分の面積の比である。なお，光から熱への変換を行う部材は

アブソーバと呼ばれる場合もあるが，一般に集光を伴う場合にはレシーバと称することが多いようである。また，太陽光を集光し熱へと変換する部分を総称してコレクタと呼ぶ。

ティータイム

太陽光の散乱と集光

　太陽から放射された電磁波（以下太陽光と称する）は，地球の大気圏外で約 $1.37\,\mathrm{kW/m^2}$ のエネルギー密度であり，これを太陽定数（solar constant）と呼んでいる。太陽光は地上に降り注ぐまでにさまざまな要因で減衰し，地上では高々 $1\,\mathrm{kW/m^2}$ 程度のエネルギー密度となる。太陽光の中の有害な紫外線は，オゾン層で大部分が吸収される。可視光やそれよりも長波長の赤外線も大気中において散乱，雲などによる反射，水分や二酸化炭素（CO_2）などの分子による吸収によって減衰していく。

　大気中の散乱の中で，光の波長よりもずっと小さい大気の分子による散乱がレイリー散乱であり，その程度は光の波長の4乗に逆比例する。したがって，波長が短い青色の光ほど散乱しやすくなる。空が青く見えるのもこのレイリー散乱によるものである。地上近くになると，大気の分子よりもずっと大きい水蒸気やエアロゾルなどが増えてくるが，このような光の波長と同じ程度の粒子による散乱をミー散乱と呼んでいる。ミー散乱は波長依存性が小さく，粒子が大きくなるほど前方散乱性が高くなる。大気中に水分が多い日本の空は白っぽく見えることが多いが，これはミー散乱によるものである。都市部のような大気の汚れが目立つ地域でも，ミー散乱は起こりやすい。

　さて，散乱光は直達光が粒子などによって散乱させられ，太陽の方向以外から観測点に向かってくる光であり，その方向はさまざまである。直達光も散乱光も反射の法則に従うが，直達光は向きがほぼ同じであるから，正反射をすれば同じ方向へと反射され，その結果として集光することができる。しかし，散乱光の向きはバラバラであり，それぞれが正反射してもその向きはバラバラで，1か所に集光することは不可能である。したがって，直達光しか集光することはできないことになる。

　つまり，反射鏡で太陽光を集光する太陽熱発電は，直達光のみが使用可能である。豊富な直達光を利用するためには，空気中の水分や汚れが少ない地域にプラントを建設することが望ましい。

1.1.2 CSP のシステム概要

〔1〕 **システム構造の概略**　一般的な CSP のシステム構造の概略を**図 1.1** に示す[2]。CSP は，太陽光を集めて熱へと変換する部分と発電部分とに大別することができる。直達日射はリフレクタ（反射鏡）を用いて集光され，レシーバで光から熱へと変換される。リフレクタとレシーバを合わせてコレクタと呼んでいる。後述するパラボラ・トラフ型のように，コレクタとレシーバとが一体のものはもちろん，タワー型ではヘリオスタットと遠く離れたレシーバを合わせてコレクタと呼ぶ。

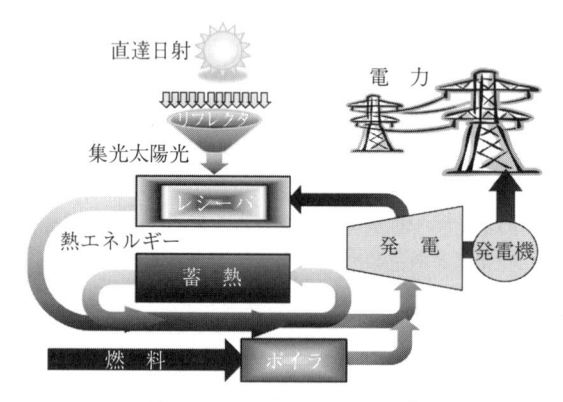

図 1.1 CSP のシステム構造[2]

レシーバで集められた熱は熱媒体（合成油，溶融塩，水など）によって運ばれ，機械的エネルギーに変換されて発電機を回して発電する。最も一般的な CSP の発電方法は，蒸気発生器で水蒸気を製造し，蒸気タービンを回して発電を行う蒸気ランキンサイクルを使用するものである。熱力学の第二法則によると，サイクルの上限温度と下限温度との差が大きいほど熱効率が向上する。したがって，太陽熱発電においても，より高温の蒸気を製造し，タービンからの戻りの蒸気は復水器（コンデンサ）で十分に冷却することが効率の向上につながる。ただし，太陽熱発電に適する地域は乾燥地帯であり，十分な冷却水が確保されるとは限らない。そのため，復水器は空冷式が用いられる場合もあり，その際には発電効率は水冷式よりも低下することになる。したがって，ラ

ンキンサイクル効率の向上には蒸気温度の上昇が最も効果的である。このほかCSPの発電技術としては，乾燥地帯でも冷却水が不要なガスタービンを採用したもの，スターリングエンジンを使用するものがあるが，それらについては3章において説明する。

図1.1では，蓄熱システムと化石燃料やバイオマスなどを燃料とするボイラとのハイブリッド化も描かれている。蓄熱は太陽が照っている時間帯に集めた熱を蓄え，曇りの時間帯や夜間にそれを利用して発電する設備である。また，ボイラは太陽エネルギーが不十分で定格出力を得られない場合や，夜間に稼動させて発電する。燃料は一般に天然ガスが用いられることが多いが，バイオマスや太陽エネルギーを利用して製造したソーラフューエルを用いれば，CO_2削減に大きく貢献できる。このように，太陽光をいったん熱へと変換するCSPでは蓄熱やボイラを利用することで，電力の需要の変化に合わせた，しかも安定な電力供給が可能になる。電力需要に合わせた供給が可能なことをディスパッチャビリィティ（dispatchability）と呼んでいる。

〔2〕 **集光・集熱技術**　CSPではどのような集光・集熱技術を選択するか，また，それがどれほどの効率を持っているかということは，システム全体の効率やコストに大きく影響する。発電部分は前述のように，蒸気ランキンサイクルを使用する従来技術であるが，これは火力発電や原子力発電と同じであり，十分に成熟した技術といえる。一方，集光・集熱技術はまだ発展途上であり，工夫の余地は多い。現在，代表的な集光・集熱技術には，つぎに示す4種類がある。

（a）　パラボラ・トラフ型
（b）　リニア・フレネル型
（c）　パラボラ・ディッシュ型
（d）　タワー型

これら4種類のなかで，**図1.2**（a），（b）のパラボラ・トラフ型とリニア・フレネル型が直線状に集光するものであり，線集光型（line focus type）と呼ばれることがある。また，図（c），（d）の二つは点集光型（point focus

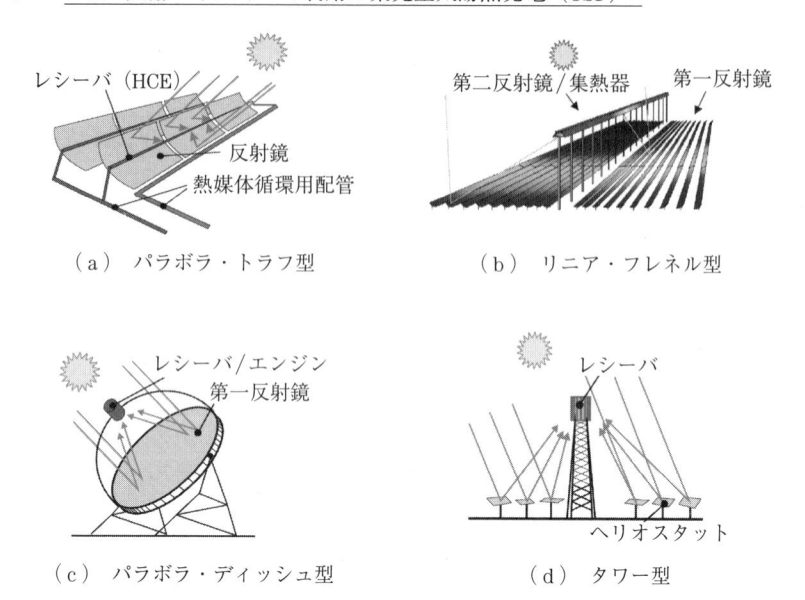

図1.2 太陽集光・集熱システムの種類

(a) パラボラ・トラフ型
(b) リニア・フレネル型
(c) パラボラ・ディッシュ型
(d) タワー型

type) とも呼ばれる。また，別の分類をすると，図 (a)，図 (d) が放物線（面）を使用するもので，中心軸に平行に入射する光は焦点に集光される。一方，図 (b)，(c) は平面もしくはわずかに凹面とした反射鏡を使用するもので，光は反射鏡の法線に対してある角度を持って入射する。この場合には，後述するコサイン効果により，反射鏡の面積のすべてを有効に使用することはできないが，多くの光を一つのレシーバへと導くことができるという長所もある。

ここでは簡単にそれぞれの特徴を示し，詳細については3章で説明する。

(a) **パラボラ・トラフ型**　パラボラ・トラフ (parabolic trough) 型は，断面が放物線形状の反射鏡の焦線上に熱媒体 (high temperature fluid, HTF) を流すチューブを配し，そこで集光した光を熱へと変換させる。加熱された熱媒体は熱交換器で水蒸気を発生し，蒸気タービンにより発電する。パラボラ・トラフ型の集光度は低いが，500〜550℃程度までの昇温は可能である。パラボラ・トラフ型CSPは，1980年代半ばから，カリフォルニアのモハベ砂漠で商業運転が実施されており (solar energy generating system, SEGS)，他の方

（b）リニア・フレネル型　リニア・フレネル（linear fresnel collector, LFC）型は，平面もしくはわずかな凹面を持つ細長い反射鏡を水平に並べ，それぞれの反射鏡がその中心線で回転して太陽を追尾し，上方に固定されたレシーバへと太陽光を反射する。リニア・フレネル型は，パラボラ・トラフ型と比較して風の影響を受けにくく，堅牢なフレーム構造は不要であるため，フレームが軽量・低コストとなる。また，同じフィールド面積に設置できる反射鏡の面積は，パラボラ・トラフ型では約30%であるのに対し，リニア・フレネル型では60〜80%であり，土地の利用率が高い。したがって，単位土地面積当りから得られる太陽エネルギー量は，リニア・フレネル型のほうがパラボラ・トラフ型よりも多くなる。ただし，リニア・フレネル型は構造上，パラボラ・トラフ型よりも集光効率は低い。特に，朝夕の太陽高度が低い際にはそれが顕著となる。

（c）パラボラ・ディッシュ型　パラボラ・ディッシュ（parabolic dish）型は，放物面で太陽光を反射し，その焦点近傍に設置したレシーバで熱へと変換し，スターリングエンジンなどにより発電する。広い面で反射した光を1点に集めるために，各種CSPのなかで集光度が最も高く，高温が得られる。しかしながら大型化が困難で，現在のところ一般に，1基の最大出力は25 kW程度となっている。本方式は一般に，分散型発電設備に適しており，島しょ部，山間部などでも用いられる

（d）タワー型　タワー（power tower）型はCRS（central receiver system）とも呼ばれ，高いタワーの周りに配置した多数のヘリオスタットで反射した太陽光をタワー上部のレシーバに集め，熱へと変換する。ヘリオスタットは，太陽を追尾しながらある一定の方向に光を反射する装置である。レシーバで変換された熱は，空気や溶融塩などの熱媒体を介して熱交換器に送られ，水蒸気を発生して発電する。また，タワー型のバリエーションとして，タワートップのレシーバの代わりに第二反射鏡を置き，タワー下部に設置したレシーバへと光を反射させるビームダウン型もある。

線集光型と点集光型の性能の差は，集光度である。線集光型では集光度が高々100であるのに対して，点集光型であるタワー型では1 000程度，パラボラ・ディッシュにいたっては3 000以上まで上げることができる。これら両タイプは，集光度が違うことと，レシーバの表面積が異なることにより，運転温度に差が生じる。

また，4種類の技術のなかで，パラボラ・トラフ型，リニア・フレネル型，タワー型は大型プラントに向いている。パラボラ・トラフ型を基準として，他の技術の位置付けを考えると，リニア・フレネル型は設備費がパラボラ・トラフ型の50〜60％程度といわれており，集光効率は低いものの，総合的に見ると低発電コストが達成できる可能性がある。タワー型はパラボラ・トラフ型よりも集光度が高く，高温を得るのが容易である。タワー型はヘリオスタットのコストにより設備費は大きく変わる。現時点のタワー型プラントの設備費はパラボラ・トラフ型のそれよりも少し高いと思われるが，今後低コストのヘリオスタットの導入やその大量生産により，タワー型の設備費はパラボラ・トラフ型よりも低下すると見込まれている。

1.1.3 CSP と PV

CSPとPVには，それぞれ長所と短所がある。日射に関しては上述のように，直達日射量（DNI）しか利用できないCSPは設置可能な地域が限られる。一方，PVは直達日射のみならず散乱日射も利用できる。したがって，CSPと異なり，世界各地で発電することが可能である。このため，日本のようにDNIに比較して散乱日射量が多い地域ではPVが適する。ただし，PVでも最近注目されている集光型PV（以下CPVと記述）は，フレネルレンズや反射鏡で太陽光を集光するため，CSPと同様にDNIが豊富な地域へ設置するほうがよい。

CSPとPVの比較において，CSPが有利な点は以下のとおりである。
① 出力が安定している
② 蓄熱システムおよびボイラを併設したハイブリッド化により，日射がない時間帯の電力供給が可能（ディスパッチャビリティ）

③ 既存の火力発電との組合せが容易

④ プラント設置地域の雇用の拡大[3]

上述の各項目について説明を加える。出力の安定に関しては，CSP は太陽光をいったん熱へと変換して発電するため，PV のように日射の変動による発電量の変動が起きにくい。**図 1.3** は，米国南西部のたがいに約 50 km 離れた CSP と PV プラントの，曇りがちな同日における発電量の経時変化を比較したものである。なお，CSP プラントには長時間の蓄熱システムは組み込まれていない。

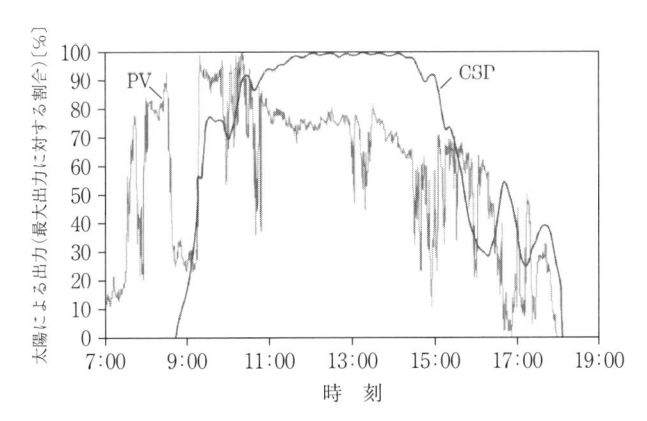

図 1.3 曇りがちの日（5月3日）における CSP と PV の出力変動の比較（米国南西部）[4]

図 1.3 から明らかなように，CSP の発電は PV よりも約 1 時間遅れて始まるが，PV と比較すると雲の通過による発電量の変動が小さい。このように出力が安定している理由は，CSP では，太陽エネルギーをいったん熱に変えて発電するため，熱が拡散しにくいという熱慣性と，蒸気タービンなどによる機械的な慣性力によって発電量が平滑化されているからである。

CSP は蓄熱システムやハイブリッド化により，太陽が照っている時間以外でも電力の供給が可能である。電力の需要は，暑い季節の冷房需要のような昼間のピークだけではなく，夕方から夜にかけてもピークがある。このような時間帯に PV で電力を供給するためには，高コストの蓄電システムが必要である

が，CSPの場合には蓄熱やハイブリッド化のコストははるかに低い。

　ところで，CSPとPVの設備費を比較する場合，CSPでは蓄熱システムや安定運転のための小型ボイラのようなバックアップシステムまで含める。これに対して，PVの設備費には出力の平準化のための蓄電池やバックアップシステムを加えない。したがって，設備費を比較する際には，この点に十分に留意する必要がある。

　CSPを既存の火力発電所と組み合わせる試みは世界各地で始まっている。これは，コレクタで集めた熱で蒸気を製造し，それを火力発電所に供給するシステムである。これにより火力発電所の燃料消費量が減少し，CO_2排出量も抑制される。このようなプラントは米国やオーストラリア，南米でも建設もしくは計画されている。

　CSPでは，現地の雇用拡大が期待できるとされている。PVの場合には，生産国で製造されたパネルを設置するだけであるが，CSPはPVと比較して部品が多く，現地で生産・調達が可能なものも多い。また，CSPは運転開始後も運転やメンテナンスにかかる人員の数が多く，それだけ現地の雇用を促進するというものである[3]。

　CSPとPVの発電効率は，それぞれ日射量に対してどれだけ発電したかということで表されるが，PVでは分母の日射量は全天日射量を，CSPの場合にはDNIをとる。ところで，CSPとPVの発電効率とを比較する場合には，つぎの点に留意する必要がある。PVの場合，分光分布がAM1.5（エアマス1.5），日射強度$1 000 W/m^2$の光をセルに対して垂直に当て，温度25℃の条件で効率を測定する。これを基準状態（standard test condition，STC）と呼んでいる。なお，AM1.5は太陽光が地上へ垂直に入射する場合（=AM1）と比較して，大気中の通過距離が1.5倍という意味であり，欧米や日本の緯度に相当する。ところで，実際のフィールドにおいては，STCのようにパネルに垂直に太陽光が入射することはほとんどなく，ある角度で入射する。この入射角をθとすると，2.2.1項において説明するコサイン効果により，実際に発電するパネルの有効面積は，実際の面積に対して$\cos\theta$を乗じたものとなる。フィールドで

の発電効率は，分母に実際のパネルの面積と日射強度を乗じたものとするため，STCの条件での発電効率よりも低くなる。

一方，CSPでは，PVにおけるSTCのように理想的な条件で発電効率を測定することはなく，すべてフィールドでの測定である。したがって，コサイン効果のみならず，すべての損失を含んだ条件での効率を測定していることになる。以上から，CSPとPVとの発電効率を比較する際には，フィールドでの効率を比較すべきである。また，PVでは発電効率はピークの効率を示すことが多いが，CSPの場合は年間の平均効率で性能を表す場合が多い。年間の発電効率は，年間の発電量を分子に，反射鏡のアパチャ（開口部）の総面積に受ける年間のDNIを分母としたものである。

PVモジュールの変換効率は，一般住宅用の最も効率が高いものでも15〜20%である。一方，CSPで代表的なパラボラ・トラフ型では，光から電力への変換効率は，日射条件が良好な時期では22〜25%程度である。しかも，これはPVの効率測定時に使用される基準状態よりも，日射条件は悪いフィールド条件での実測値である。CSPのような大型装置の変換効率をPVと同じ基準状態で測定することは不可能であり，両者の正当な比較はできない。したがって，CSPとPVの変換効率を単純に比較することはあまり意味がない。

1.1.4 発電コスト

再生可能エネルギーを利用して発電を行う際には，次式で示す平均発電コスト (levelized electricity cost, LEC) がよく用いられる。

$$LEC = \frac{(CC \cdot AF) + O\&M + Fuel}{A} \tag{1.1}$$

ここで，CC＝総投資コスト，AF＝減価償却費率，$O\&M$＝年間の操業コスト，$Fuel$＝年間の燃料コスト，A＝年間の総発電量〔kWh〕，である。

なお，減価償却費率〔%〕は次式で計算し，q が借り入れ利率，D はプラントの償却年数，AI は保険料率である。なお，一般に償却年数は30年程度とされることが多い。

$$AF〔\%〕= \frac{q \cdot (1+q)^D}{(1+q)^D - 1} + AI \qquad (1.2)$$

発電コストは,米国の新規に開発されたプラントでは0.10～0.12米ドル(USD)/kWhであるが,スペインのようにDNIが低い地域では発電コストは上昇する[5]。また,米国の新しいプラントでは,設備費を除くと運転コストはわずかに0.03米ドル(USD)/kWhであるという。

発電容量当りの設備費はプラントサイズの増加に伴って低下し,その結果として発電コストも低下する。図1.4に示すように,プラントサイズが10 MWから160 MWへと拡大すると,50％以上も発電コストは低下する[6]。コストの低減は,部品生産量の増大,発電ブロックのスケールアップ効果,操業コストの相対的な低下によるものである。

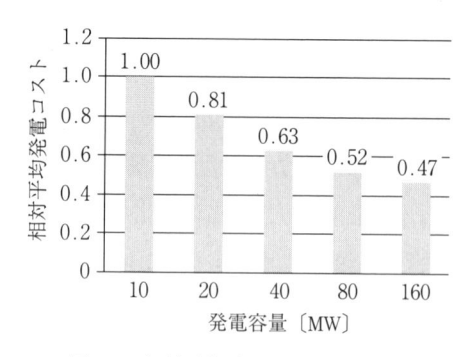

図1.4 相対平均発電コストに及ぼすプラントサイズの影響[6]

また,DNIが高いほうが発電コストは低く,DNIが年間2 000 kWh/m^2のスペインと,北アフリカのように2 900 kWh/m^2のところを比較すると,後者のほうが3割程度発電コストは低い[7]。今後の発電コストの予測であるが,図1.5に示すように,IEAは2010～2050年までの間に発電コストは1/6程度に下がると見ている。このようにコストが低下する理由として,活発な研究・開発,累積設備容量の増加,部品の大量生産を挙げている。

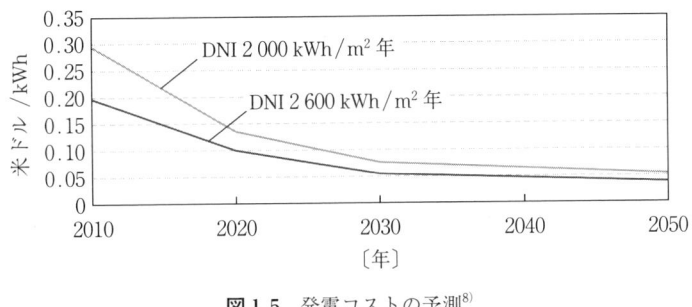

図1.5 発電コストの予測[8]

1.2 世界の日射量と発電ポテンシャル

1.2.1 世界の日射量分布

CSPの発電量はDNIに比例して増大する。世界のDNIの分布を図1.6に，CSPの適地の分布を図1.7に示す[9,10]。これらの図から明らかなように，CSPの設置に適する地域分布はDNIが高い地域と一致している。ところが，太陽からの日射エネルギー密度が最も高い赤道近辺には，CSPに適した地域はなく，北半球・南半球とも，おおむね緯度が20〜40°に分布している。この地域はサンベルトと呼ばれ，年間のDNIが1 800 kWh/m^{2}以上，あるいは，1日

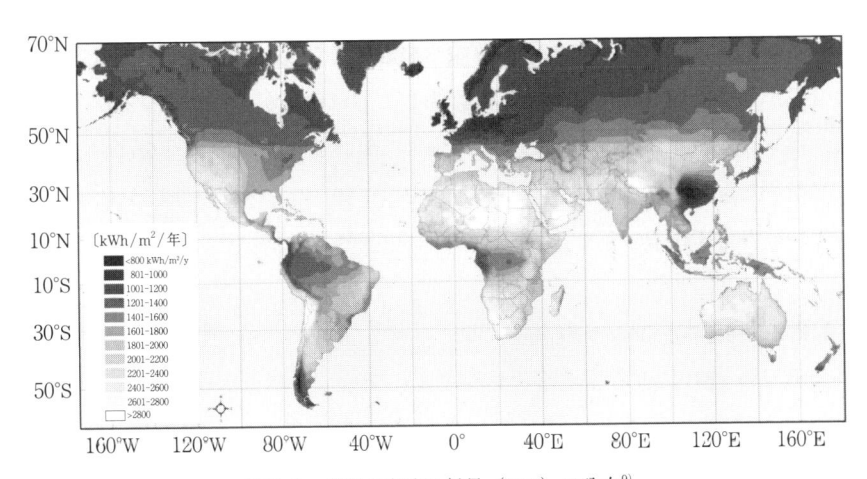

図1.6 世界の直達日射量（DNI）の分布[9]

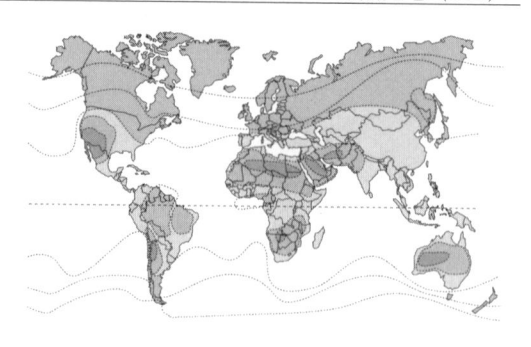

14　1. 太陽エネルギーの利用と集光型太陽熱発電（CSP）

■最適　■良好　■可能　■不適

図 1.7　世界の CSP が可能な地域分布[10]

の DNI が 5 kWh/m^2 以上の地域である。北半球における DNI が高い地域の分布は，北アフリカから中東，インド西部へと広がり，中国の西部にある砂漠地帯も比較的よい条件である。また，米国の南西部からメキシコにかけても高い地域が広がっている。

サンベルトで DNI が高いのは，大気の大循環と密接な関係がある。赤道付近で温められた空気は上昇して雨を降らせ，熱帯雨林地帯を生じさせる。乾いた空気は，北半球では北東方向に流れ，北緯 30°近傍で下降流となる。空気は，下降している間に断熱圧縮されて温度が上昇し，地上に到達することになる。その結果，サンベルトは暑く乾燥した地域となる。南半球でも同様な状況となり，赤道を挟んで同じ緯度帯に乾燥した地域が広がることになる。もっとも，サンベルト地帯となるか否かは，海洋，ヒマラヤ山脈のような高い山々などに影響を受けるため，必ずしも緯度が 20～40°のすべての地域が CSP の適地というわけではない。

1.2.2　発電ポテンシャル

全世界の CSP による発電ポテンシャルに関して，パラボラ・トラフ型 CSP を用いた場合における試算が報告されている。**表 1.1** は DNI が年間 2 000 kWh/m^2 以上の地域へのプラントの建設を想定して，DNI の量別に計算した

表1.1　世界の地域別CSP発電ポテンシャル〔TWh/年〕[9]

DNIクラス〔kWh/m²·年〕	アフリカ	オーストラリア	中央アジア	カナダ	中国	中南米	インド	日本
2000-2099	102 254	6 631	14 280	0	8 332	31 572	7 893	0
2100-2199	138 194	18 587	300	0	18 276	20 585	1 140	0
2200-2299	139 834	36 762	372	0	43 027	24 082	550	0
2300-2399	141 066	87 751	177	0	28 415	20 711	774	0
2400-2499	209 571	148 001	64	0	11 197	6 417	426	0
2500-2599	203 963	207 753	0	0	11 330	3 678	13	0
2600-2699	178 480	142 490	0	0	2 180	5 120	119	0
2700以上	346 009	49 625	0	0	3 079	11 827	15	0
合計	1 459 371	697 600	15 193	0	125 836	123 992	10 930	0

DNIクラス〔kWh/m²·年〕	中東	メキシコ	アジアの発展途上国	その他の欧州諸国	ロシア	韓国	EU（27か国）	米国
2000-2099	3 432	1 606	4 491	6	0	0	866	14 096
2100-2199	12 443	3 378	5 174	13	0	0	497	17 114
2200-2299	39 191	3 650	10 947	2	0	0	660	21 748
2300-2399	60 188	5 807	30 776	0	0	0	162	16 402
2400-2499	71 324	15 689	19 355	0	0	0	90	23 903
2500-2599	34 954	7 134	4 429	0	0	0	69	8 116
2600-2699	32 263	1 534	253	0	0	0	31	2 326
2700以上	36 843	1 878	136	0	0	0	34	0
合計	290 638	40 676	75 561	21	0	0	2 409	103 705

地域別の年間発電量である。なお，この計算過程では，CSPの設置に必要な土地の勾配，土地利用の状況など，プラントの設置に必要な要件を考慮している。

世界のCSPの発電量は，年間3 000 000 TWh（1 TWhは10^9 kWh）のポテンシャルがあるが，これは，世界の1年間の電力需要18 000 TWhの167倍となっている。地域別では，アフリカが世界のポテンシャルの約半分を占め，オーストラリア，中東などと続いている。米国の発電量のポテンシャルだけでも，世界需要の6倍近い。一方，日本や韓国などはDNIが低く，ポテンシャルは計算上ゼロとなっている。また，緯度が高いカナダやロシアについても，ポテンシャルはない。

1.2.3 市場と発電量の今後の見通し

CSP の発電量のポテンシャルは，表1.1 に示したように莫大である。現時点ではプラントの建設が本格的に始まって，あまり年数がたっていないものの，今後，発電容量は急速に伸びると見込まれる。2010年初頭の設備容量は全世界で1 GW（1 GWh は 10^6 kWh）に満たない程度であるが，IEA の CSP ロードマップでは，2020 年までに 14.8 GW，2030 年には 337 GW，2050 年には 1 089 GW に達すると見ている[8]。また，2020 年頃までは，CSP はピークロード対応が主流であり，稼働率は 32％であるが，2030 年以降は徐々にベースロード対応へと移行するとされている。その結果，2030 年の稼働率は 39％，2050 年の稼働率は 50％に達するとしている。これは，蓄熱システムの低コスト化が進み，それを有効に使うことにより，CSP が夜間においても長時間運転が可能になると予測されているためである。

発電容量を着実に伸ばすためには，設備コストが高い導入初期段階において，政策的支援が欠かせない。スペインはフィードインタリフ（FIT, 固定価格買取制度）を早期に導入し，国内の CSP の発電容量の増大におおいに貢献した。また，これにより，CSP にかかわる産業も発展し，現在では Abengoa Solar 社や Sener 社のような高い競争力を持つ企業が生まれ，国際的な展開を行っている。このスペインの成功をきっかけに，EU ではドイツ，フランス，ギリシャなどの国々で FIT が導入されている。一方，米国は FIT ではなく，RPS（Renewable Portfolio Standards）法と税制優遇処置により，プラント建設を促進している。RPS 法は，電力会社にある一定の割合で，再生可能エネルギーにより発電された電力の買取り義務を負わせるものである。

2050 年までの地域別の CSP による発電量の予測を図1.8 に示す。CSP による発電量が最も伸びると予測されているのは米国であり，アフリカ，インド，中東と続いている[8]。アフリカは，特に北アフリカ一帯でのプラント建設が今後急増するのではないかと見られている。これについては，後述するデザーテック計画において説明する。現在，世界で最も CSP のプラント数が多いスペインであるが，ここまでプラントの数が増えたのは上述の FIT のおかげで

1.2 世界の日射量と発電ポテンシャル

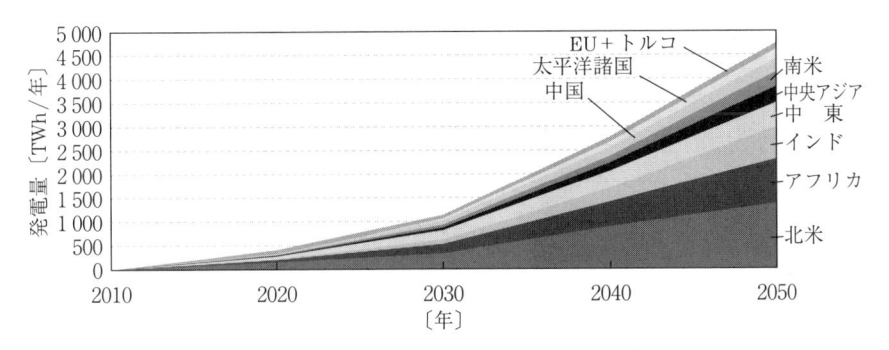

図1.8 地域別のCSPによる発電量の予測[8]

あり，スペインはDNIとしてはあまり高くはない。したがって，今後スペインなど南ヨーロッパでは，プラント建設の伸びは大きくないと予想される。

このようにCSPによる発電量が伸びてくると，CO_2削減量に及ぼす影響も大きい。IEAの試算によると，2050年にCSPプラントで年間4050TWhの発電量が達成できた場合には，年間でおよそ2.5GトンのCO_2の排出削減になるという。そのほか，太陽熱による発電のみならず，太陽熱利用によるプロセスヒートの供給や，ソーラフューエルの製造や使用が拡大することにより，さらなるCO_2削減が期待できる。

CSPを設置する適地は乾燥地帯であり，必ずしも電力需要が大きい人口密集地帯ではない。このため，CSPプラントを設置し発電量を伸ばすためには，送電インフラの充実が必要である。米国のCSPの適地は南西部に集中しているが，この地域にはロサンゼルスやラスベガスのような大電力消費地があり，域内での発電と消費が可能である。しかし，米国ではこのような域内だけではなく，国内にHVDC（高圧直流）送電ネットワークを張り巡らし，CSPで大規模に発電した電力を東部地域へ送る計画がある。このようなCSPとHVDCとを組み合わせた計画の先鞭をつけたのが，日本でも知られている**図1.9**に示すデザーテック計画である[11]。

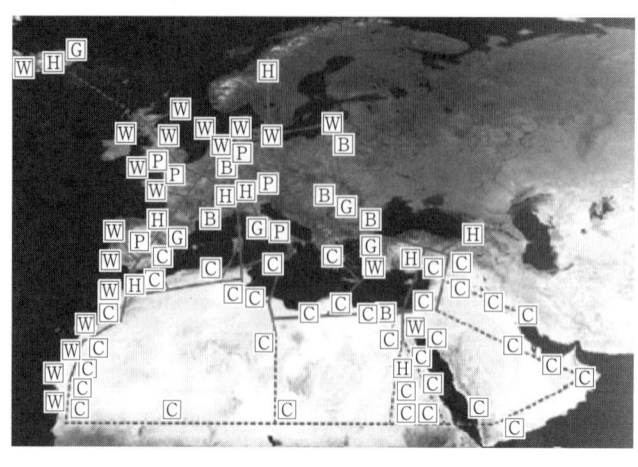

図1.9 MENA地域におけるデザーテック計画のコンセプト[11]

1.2.4 デザーテック計画

デザーテックとは，デザート（砂漠）とテクノロジーを併せた造語である。この計画は，日本では北アフリカ（NA）でCSPにより発電し，EU諸国へHVDC（高圧直流）送電することのみが取り上げられている。しかし，所期の計画では地中海沿岸地域一帯で再生可能エネルギーによる発電を行い，地元で電力を消費するとともに，域内で融通するというものである。ここで，地中海沿岸地域一帯で最もポテンシャルが高いのが太陽エネルギーであるということと，もしCSPを使用するならば，蓄熱システムを使うことにより夜間も発電できるということで，CSPが主体の計画となった。また，最も発電ポテンシャルが高い地域が北アフリカであることから，北アフリカや中東（ME）で発電し，EU諸国へ送電するということがクローズアップされたものと思われる。実際には，CSPを用いて発電した電力量の半分を地元で消費し，残りをEU諸国へと送電するものである。デザーテック計画が考え出された背景には，EU地域における火力発電主体から再生可能エネルギーによる発電への移行と，中東北アフリカ（MENA）地域の高い人口の伸び率とGDP成長率による電力需要の急増がある。

1.2 世界の日射量と発電ポテンシャル

デザーテック計画は，MENA と EU が Win-Win の関係を構築できることから，両方の地域から支持されている。これには以下のような政治・経済的背景がある。MENA 地域には産油国・産ガス国が多いが，これらの国々は原油・天然ガスは輸出品として国家収入とし，急増する国内の電力需要はできるだけ太陽エネルギーや原子力でまかなう方向にある。この背景には原油の可採埋蔵量の懸念が出てきたことがある。一方，非産油国は財政上の理由から，燃料輸入によって行われる火力発電を抑制して CSP で発電を行い，自国の電力需要をまかなうとともに，輸出品として外貨の獲得を狙っている。また，MENA

──(ティータイム)──

日本の DNI

　日本で太陽熱発電は可能であろうか？　商業運転が可能といわれる年間 DNI が $2\,000\,\mathrm{kWh/m^2}$ の地域は国内にはなく，せいぜい $1\,500\,\mathrm{kWh/m^2}$ 程度が上限である。したがって，DNI の値だけから判断すると日本では少なく，商業運転は成立しそうもない。

　図1は米国南西部のサンベルト地帯の月別 DNI と，横浜のそれとを比較したものである。横浜の DNI は，冬晴れが続く時期では米国南西部の DNI と遜色はない。しかし，米国南西部は，太陽高度が高い夏季に高い DNI が得られ発電量も多い。一方，横浜の夏季の DNI は，むしろ冬季よりも低くなっている。この原因は，6，7月は梅雨，9月も長雨のシーズンであり，8月も空気中の水分が多いことが原因である。

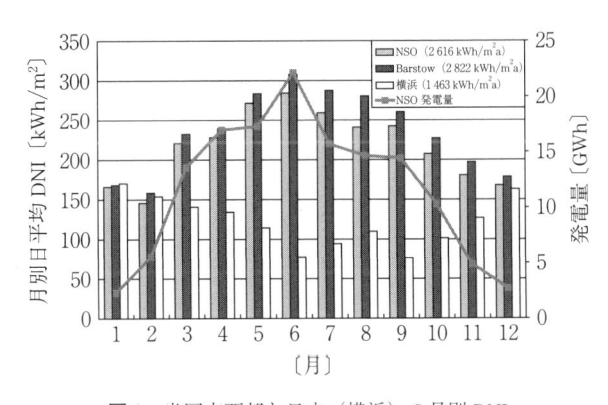

図1　米国南西部と日本（横浜）の月別 DNI

ところで，日本よりもさらに日照条件が悪いと思われるドイツには，1.5 MW のタワー型プラントが実在する。これは，3.3 節で紹介する Jülich のプラントである。では，Jülich の DNI はどの程度であろうか？

図 2 は横浜と Jülich の月別 DNI であるが，年間 DNI は横浜のほうが Jülich の約 1.5 倍も多い。しかし，夏季の DNI は Jülich のほうが多くなっている。したがって，少なくとも夏季については，横浜よりも多くの電力を生み出すことができる。それにしてもこれほど低い DNI にもかかわらずプラントを建設する価値があるのか？　これに関しては，ドイツの政策がかかわっているのではなかろうか。

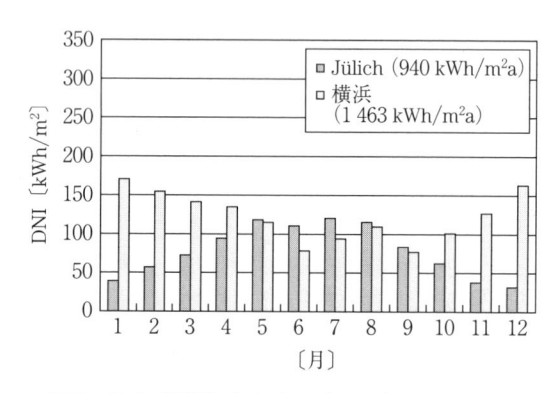

図 2　日本（横浜）とドイツ（Jülich）の月別 DNI

Jülich のプラントで使われている体積型レシーバなどは，ドイツの技術によるものである。ドイツは自国で育てた技術の評価を国内で実証することにより，さらなる技術のブラシュアップを行い，海外への技術流出を防いでいるものと思われる。

日本では，夏季の DNI が低いことが CSP にとって最大の問題点である。しかし，2010 年の夏は異常に暑かったことを記憶されているであろうか。この年，気温は高かったが湿度は意外と低くかった。このような状況になったのは，普段の年よりも小笠原高気圧が北に張り出したのが原因である。小笠原高気圧は，本文で述べた上空から乾いた空気が降りてくる下降流にあたる。つまり，暑いが乾いた天候が続いたのである。したがって，2010 年の夏に限っては日本もサンベルトにあり，CSP で発電が可能であったと思われる。

地域では，産油国・非産油国にかかわらず失業率が高いため，CSP プラントの建設や運転などにより，新たな雇用が生まれることへの期待もある。

一方，EU は CSP 技術を持つ企業が多く，企業活動の活発化による税収の増加，雇用の確保などにより，将来にわたる経済成長の維持が期待できる。また，CSP による電力を購入することによる CO_2 排出量低減への貢献である。EU は，2020 年までに再生可能エネルギーによる発電量を 20％に高めるとした政策目標がある。これには，海外で再生可能エネルギーを用いて発電した電力も対象となっている。そのほか，MENA の産油国・産ガス国への国際協力やエネルギー源の多様化によるエネルギー安全保障が維持できる。さらには，国際協力による発言力向上も期待できるものである。

このデザーテック計画はおおいに盛り上がっており，実際のプラントの建設や事業化を目指す企業団体が設立したデザーテック・インダストリアル・イニシアティブ（DII）が設立された。これにはシーメンスや ABB などヨーロッパに本拠を置く世界の名だたるメーカやドイツ銀行などの金融機関が参加している。また，DII には米国や日本など，域外の企業の参画も相次いでいる。

日本のように DNI が低く，サンベルトから遠く離れた地域では，CSP による電力を直接使うことは不可能に近い。したがって，日本で太陽エネルギーを使うためには，輸送可能な燃料へ転換して運ぶことも一つの解決策である。この点について，4 章のソーラフューエルにおいて説明する。

2

CSPの要素技術

　太陽光を集光し，熱へと変換する技術は，他の発電技術にはないCSP独自のものである。一方，発電部分は太陽熱を利用して製造した水蒸気を用いて，蒸気タービンを回す仕組みになっており，火力発電所で使用されている従来技術である。本章では3章において記述するCSPの各集光・集熱技術の説明に先立ち，各技術に共通する太陽の追尾の考え方，太陽光の反射，レシーバとそのエネルギーバランスおよび蓄熱システムについて説明する。

2.1 太陽の追尾

2.1.1 太陽追尾の必要性

　前章において，集光可能な光は太陽から直接くる直達光のみであり，散乱光は集光できないと述べた。したがって，時々刻々と移動する太陽からの直達光を常時同じ箇所へ集光するためには，コレクタに太陽を追いかける太陽追尾装置を装着する必要がある。CSPのコレクタ技術には，図1.2に示したように，パラボラ・トラフ型やリニア・フレネル型のような線で集光するタイプと，タワー型やパラボラ・ディッシュ型のように点で集光するタイプとがある。線集光タイプではコレクタ部分に1軸追尾装置が，また，点集光タイプでは2軸で太陽を追尾する装置が装着されている。反射鏡によって反射される太陽光が正しくレシーバに当たるかどうかは，コレクタの性能，ひいてはプラントの発電性能へと大きく影響する。したがって太陽の追尾は，プラントの性能と発電コ

ストを決める最も重要な技術の一つである。以下，基本的な太陽追尾の技術と考え方を説明する。

2.1.2 太陽追尾技術

太陽追尾の方法には，大別して，センサ制御方式とコンピュータ制御方式とがある。

〔1〕 **センサ制御方式**　センサ制御方式の太陽追尾には各種あるが，いずれも光を検知するデバイスを利用して太陽の動きを検知し追尾を行うものである。一例として，著者らが以前使用した，フォトセルを利用したヘリオスタット用の追尾センサを紹介する[12]。本センサは，図2.1に示すように小さな箱の一つの端面にスリットを切り，反対側の底部にフォトセルを2枚取り付けるだけのきわめて簡単な構造である。フォトセルに当たる太陽光の面積に応じて起電力が生じるが，このセンサには2枚のフォトセルの出力を比較する比較回路が組み込まれている。この回路を用いて，スリットから入った太陽光が2枚のフォトセルに均一に当たるように反射鏡を回転させて太陽追尾を行うのである。このようなセンサ方式では，コレクタ自体が自律的に太陽を追尾するシステムを構築できる。

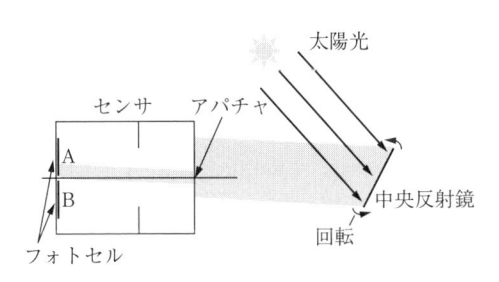

図 2.1　太陽追尾センサの一例[12]

センサ制御方式は，一般的に簡単な構造で低コストであり，太陽追尾だけ見るとコンピュータ制御方式よりもコストは低くなる。なお，同じように2枚のフォトセルを使用するセンサはパラボラ・トラフ型などの追尾用などにも用いられている。

24 　2. CSP の要素技術

〔2〕 **コンピュータ制御方式**　　コンピュータ制御方式では，太陽の軌道からある時刻の太陽位置の座標を計算することで太陽追尾を行う。ここでは，煩雑さを防ぐために数式を記述することは省略し，考え方だけを記す。

CSP プラント設置か所における太陽の位置は，**図 2.2** に示すような東西，南北と天頂方向の三次元座標系である地表座標系において方向余弦で表すことができる。このためには，天頂方向を中心軸とした方位角（azimuth）と，地表から（もしくは天頂から）の角度の経時変化が得られればよい。しかし，地上座標系における太陽の軌道は直接計算できないため，つぎの赤道座標系で計算して座標計算を行う必要がある。

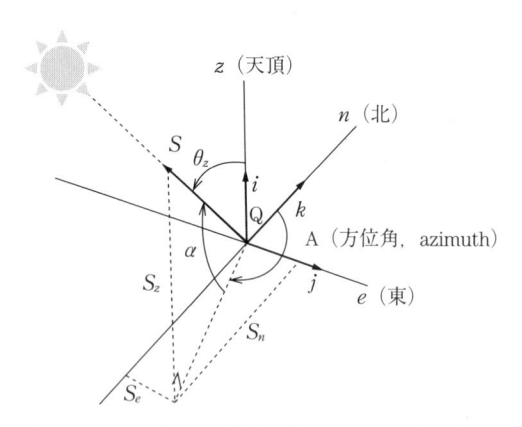

図 2.2 CSP プラント設置か所における太陽の位置

太陽を含む恒星の位置は，一般に**図 2.3** に示すような赤道座標系で表されている[13]。この座標系は地球の中心を座標の中心にするもので，宇宙空間に仮想の天球を描き，その天球上に恒星を配置する。地球の赤道を天球に投影した天の赤道が基準面となる。この基準面の回転軸として，地球の回転軸を上下に伸ばして天球と交わる点を，それぞれ天の北極および天の南極と呼ぶ。この座標系において，太陽は天の赤道に対して約 23.5° 傾いた黄道上を移動する。赤道座標系における任意の時間の太陽の位置は計算で求めることができるため，座標中心から太陽中心に向かう方向余弦が求められる。したがって，地表座標系における太陽位置を示す方向余弦は，赤道座標系における太陽位置の方向余弦

2.1 太 陽 の 追 尾　　25

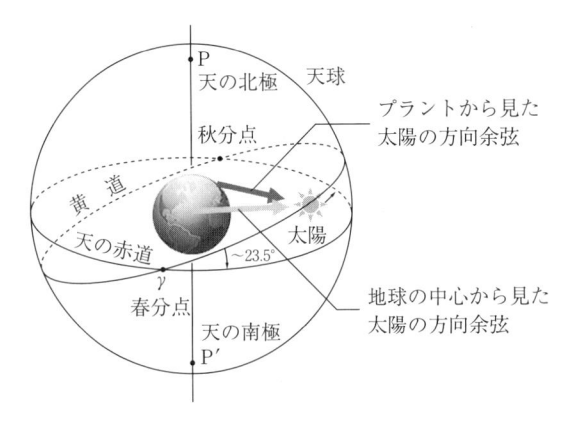

図 2.3 赤道座標系における太陽の軌道

に対して座標変換を行うための行列を乗じて求めればよい。

〔3〕 **制御方法の比較**　センサ制御方式とコンピュータ制御方式のどちらが太陽追尾に向いているだろうか？　それぞれ長所・短所があり，使用するシステムやシステムの規模によっても異なる。以前は，コンピュータ制御方式が高コストであったためセンサ制御方式もよく使われていた。しかし近年は，コンピュータ制御方式のコストが十分に低下し精度も向上したことから，コンピュータ制御方式が主流になっている。

センサ制御方式の問題点は，雲が通過したりする際には追尾が一時的に不可能になることであり，雲が通過後の再追尾までに問題が生じることが多い。これを克服するためにさまざまな工夫が行われている。また，タワー型プラントでは多数のヘリオスタットを設置しなければならないが，基本的には個々のヘリオスタットにそれぞれセンサを取り付けなければならない。また，強風下での耐風姿勢への移行など，集団での制御が必要な場合があり，センサだけではなく，集中制御のシステムも備える必要がある。

コンピュータ制御方式による太陽追尾は，それぞれの追尾装置の独立した制御にも，集団での制御にも向いており，精度も高い。しかし，コストが低くなってきたとはいえ，多数の追尾装置がある場合には相応のコストとなる可能性があり，制御方法などの工夫が必要である。また，コレクタを設置する際の

精度や設置位置の精度などさまざまな要因によって追尾精度は低下する。さらに，コストを抑えるために，制御はオープンループとすることが多いが，風などの外乱により精度が低下することもある。一方，センサ制御方式を用いると設置精度はコンピュータ制御方式ほど厳密でなくてもよく，風の影響も自動的に修正可能である。しかしセンサ追尾方式では，ある程度長い時間太陽が雲に隠れる場合には，センサが太陽を見失う可能性があるため，あらゆる状況下でも太陽が追尾できるような工夫が必要である。

センサ追尾とコンピュータ追尾にはそれぞれ長所と短所があるが，全体的に見れば，多くの追尾装置がある場合にはコンピュータ制御方式のほうが有利であると考えられる。

2.2 太陽光の反射と反射鏡

2.2.1 太陽光の反射

CSPは反射鏡で太陽光を反射して集光するのが一般的である。太陽光の場合も当然ながら反射の法則に従い，図 2.4 に示すように，入射角 θ_i と反射角 θ_r とが等しい正反射をする。しかし，実際の反射鏡表面は完全に平滑であることはなく，「表面粗さ」や「うねり」がある。このため，一部の入射光は正反射をせずに拡散反射（乱反射）をすることになる。ただし，乱反射を微視的

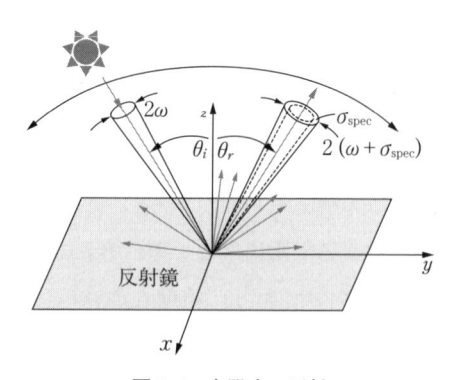

図 2.4 太陽光の反射

に見ると、反射面では正反射の法則に従っているが、表面の凹凸によってその方向がランダムになる。

　太陽光の反射を考える場合には、反射鏡表面の粗さだけではなく、「太陽の大きさ」の影響を忘れてはならない。太陽は点ではなく約0.5度（32.3分、9.4 mrad）の大きさ（視直径）があり、このため太陽光は厳密にいえば平行光ではない。図2.4のように反射鏡のある1点に入る太陽光を考えると、太陽光は円錐形で入射し、正反射の法則に従って円錐形で反射される。このような反射光の広がりは、反射鏡からレシーバまでの距離が短い場合には影響は小さいが、タワー型プラントのように遠くなると反射光の広がりは大きく、エネルギー密度は低下することになる。大型のタワー型プラントでは、反射鏡からレシーバまでの距離が1000 mになることもめずらしくはない。そのような場合には、反射鏡のある1点で反射された太陽光でも、9.4 mの広がりとなる。

　表面が完全に平滑ではない実際の反射鏡による太陽光の反射は、つぎのように考える。図2.4に示すように、太陽光は頂角2ωの円錐で入射し、同じ角度で反射される。現実の正反射では、標準偏差分$2\sigma_{spec}$を加えた$2(\omega+\sigma_{spec})$を考える。米国の国立再生可能エネルギー研究所（National Renewable Energy Laboratory、NREL）によると、太陽光のエネルギーの95%以上を反射するためには、反射鏡に平行光を反射させた場合の標準偏差が、パラボラ・トラフ型では4 mrad以下、タワー型のヘリオスタットに使用される場合には1～2 mradとしている。したがって、このような性能を持つ反射鏡による太陽光の反射では、反射鏡自体による光の広がりと太陽の大きさによる広がりの和が、反射光の広がりの大きさを決める。パラボラ・トラフ型の場合には、反射鏡からレシーバまでの距離が短いために、タワー型と比較して許容される光の広がりが大きいのである。

　さて、反射鏡で反射される光のエネルギー量は、**図2.5**に示すように入射角によって変化する。すなわち、光の入射角をθとすると、光の反射に寄与する反射鏡面積は、反射鏡の面積Aではなく、それに対して$\cos\theta$を乗じた面積となり、反射されるエネルギー量も$\cos\theta$に比例する。つまり、太陽から見る

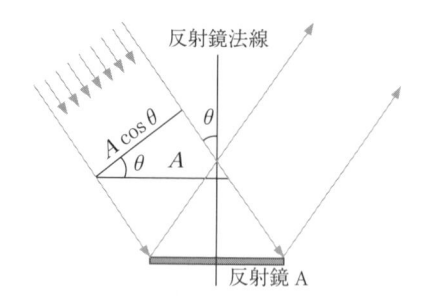

図 2.5 コサイン効果

と，実際に見える反射鏡の面積は，面積 A ではなく，反射鏡の投影面積 $A\cos\theta$ ということである。これをコサイン効果と呼んでいる。入射角が大きいと，コサイン効果により反射鏡面積が広くてもエネルギーの反射量を大きくできない。したがって，CSP プラントにおいては，可能な限りコサイン効果が小さくなるように設計することが望ましい。

2.2.2 反　射　鏡

CSP で使用される反射鏡は，現時点ではガラス反射鏡のみである。しかし，低コスト化や軽量化のために，アルミニウム反射鏡やごく薄いポリマーフィルムを用いた反射材も開発されている。

ガラス反射鏡は**図 2.6** のように，ガラスの裏面鏡が一般的で，反射材には銀が用いられる。ガラスは中心線平均粗さが約 25 nm 程度と，表面がきわめて平滑であり，硬度が高く，しかも比較的安価である。表面が滑らかなことは上述の正反射率が高く，反射光の広がりも小さいことを意味する。また，表面が

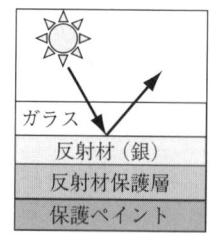

（a）厚板ガラス反射鏡　　（b）薄板ガラス反射鏡

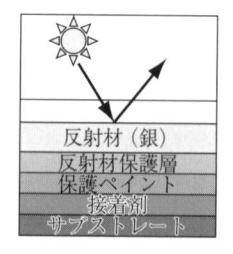

図 2.6 ガラス反射鏡

硬いことは，フィールドで長時間使用するためには必須の条件である。つまり，砂などの硬い粒子によるガラス表面のアブレージョン（ひっかき傷）を抑制し，反射率を維持するのに適しているといえる。

パラボラ・トラフ型コレクタ（PTC）やヘリオスタットに用いる反射鏡には，厚さ $3 \sim 4\,mm$ のガラスを用いるのが一般的である。しかし，ガラスに吸収される光はその厚さに比例するため，高い反射率を得るために，厚さ $1\,mm$ 以下の薄板ガラス反射鏡を用いる動きもある。この場合には，反射鏡の形状を維持するために，しっかりとした材料に取り付けるか，貼り合わさなければならない。

反射材として銀を用いる理由は，銀の分光反射率が理想的なためである。すなわち，銀は紫外線域の波長 $350\,nm$ よりも長い波長域で反射率が高く，しかも全波長域でほぼ一定である。ただし，銀は腐食されやすいため，裏面に保護剤の塗布が不可欠である。また，反射鏡の端面から水などが侵入し腐食を促進するため，端面の処理も重要視される。

アルミニウム反射鏡は一般に，**図2.7**（a）のような断面構造である。平滑化したアルミニウム表面に反射材の銀の光学薄膜反射層が形成され，さらにその上に硬い表面保護層がコーティングされている。アルミニウム反射鏡の長所は，比較的軽量であり，ガラスのように破損する恐れもないことである。しかし，アルミニウム表面をガラスなみに平滑にするのは非常に困難であり，反射鏡で必要な広い面積を低コストでガラスなみに平滑化するのは，現在の技術では不可能に近い。したがって，アルミニウム反射鏡は，ガラス反射鏡と比較す

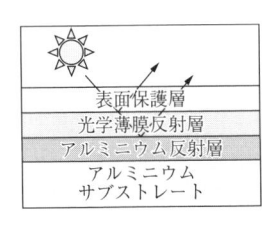

（a）アルミニウム反射鏡 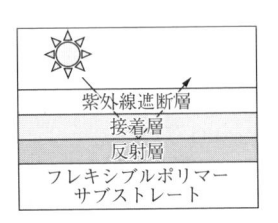　　　（b）ポリマー反射材

図2.7　アルミニウム反射鏡とポリマー反射材

ると反射光は広がりやすい。

ポリマー反射材は，図2.7（b）のように，ごく薄いポリマーのフィルム上に反射材の銀を蒸着し，その上に硬質の被膜を形成したものである。このポリマー反射材をパラボラ・トラフ型コレクタに使用する場合は，パラボラ形状の平滑な材料の上に貼り付けて使用している。ポリマー反射材の最大のメリットは，厚さ 0.1 mm 程度と薄く，軽量であることである。したがって，反射材を取り付けるコレクタのフレームも，ガラス反射鏡を取り付ける場合ほどの剛性は不要であり，その結果として低コスト化も可能となる。一方，欠点は表面が柔らかくアブレージョン損傷が起きやすいことであるが，硬い表面コーティングの検討も行われている。また，ポリマー材料であることから紫外線の影響も懸念され，ウェザーオメータ（WOM）を用いてフィールドでの長時間使用による影響を評価している。しかし，実際にフィールドでどこまで長期間使えるかは，今後の課題である。

ドイツの Meyen らは，反射鏡の性能は正反射率 ρ_{SWH} と半球反射率 ρ_{SWD} との比で比較している[14]。ここでの反射率は，光源として ASTM G173 の AM 1.5 の太陽光に相当する平行光を用い，入射角 8° での反射率を測定したものである。測定する波長は 660 nm で，正反射率測定の場合，反射光の検出センサの検出角度範囲は 25 mrad に入るすべての光から反射率を求める。一方，半球反射率は全半球面すべてにわたる反射光から反射率を求めるもので，正反射だけではなく，乱反射する光も含まれてしまう。

測定結果を**表 2.1** に示すが，ガラス裏面鏡とポリマー反射材の半球反射率についてはわずかな差でしかないが，アルミニウム反射鏡は半球反射率が劣っている。しかし，CSPにとって重要な正反射率を比較すると，ガラス裏面鏡は半球反射率と同じ値であるが，ポリマー反射材およびアルミニウム反射鏡で

表 2.1　各種反射鏡の半球反射率と正反射率[14]

反射率	ガラス裏面鏡	ポリマー反射材	アルミニウム反射鏡 1	アルミニウム反射鏡 2
ρ_{SWH}	0.939	0.922	0.903	0.868
ρ_{SWD}	0.939	0.874	0.83	0.835

は，いずれも半球反射率よりも低くなっている。このような結果は反射鏡の表面粗さに起因する。すなわち，ガラスと比較して平滑度が低いポリマー反射材やアルミニウム反射鏡は，乱反射もカウントする半球反射率は比較的高いが，反射光の広がりが大きいため，正反射率は低くなる。

この測定結果から明らかなように，アルミニウム反射鏡やポリマー反射材は，タワー型プラントのように反射鏡からレシーバまでの距離がきわめて長い場合には使用できない。ただし，パラボラ・トラフ型のようにレシーバまでの距離が短い場合には使用することも可能である。

PTCに用いる反射鏡は，放物線方向に4分割されており，あらかじめ規定の放物線形状になるように曲げ加工されている。反射鏡には，厚さ4mmのガラス裏面鏡が用いられるのが一般的である。ガラスは可能な限り吸収が少ない材料が使用されているが，4mmと厚いガラスを用いている分，ある程度の吸収は避けられない。現在，PTC用の反射鏡では，軽量化および低コスト化のためにアルミニウム反射鏡，ポリマーベースの反射材の使用も検討されている。特に小型のPTCでは，アルミニウム反射鏡の使用が拡大している。一方，タワー型は反射鏡からレシーバまでの距離がきわめて長いため，反射光の広がりができるだけ小さいほうがよい。したがって，反射鏡にはガラスの裏面鏡が使用される。リニア・フレネル型には，厚さ3mmほどのガラス裏面鏡が使用されることが多いが，最近では，アルミニウム反射鏡を使用するメーカも現れている。

2.3 レシーバと蓄熱技術

2.3.1 太陽エネルギーの吸収と選択吸収膜

CSPにとって，光から熱へと変換するレシーバは，反射鏡とともにその性能を決定する最も重要な部品の一つである。CSPでは一般に，チューブラ・レシーバが用いられる。これは，熱媒体が流れるチューブに集光太陽光を当て，チューブの表面で熱へと変換された太陽エネルギーにより熱媒体を加熱し

利用するものである。このようなチューブラ・レシーバは，CSPの熱媒体として使用される水，溶融塩，合成油のほか，空気のような気体の場合でも使用される。ただし，空気が熱媒体の場合には，熱伝導率が低いため高温が得にくい。そのため，高温の空気を得るためにはセラミックのハニカムなどが用いられる場合がある。このタイプのレシーバに関しては，3.3.5項において説明する。

レシーバ表面には太陽光の吸収率が高い被膜が形成される。しかし，この被膜は紫外域から可視光，さらには赤外線までの幅広い波長域にわたって太陽光を吸収できるものが必ずしも最良ではない。その理由は以下のとおりである。あらゆる物体は，その温度に応じた電磁波を放出している。図 2.8 には，表面温度が約 6 000 K の太陽から放射される電磁波，すなわち太陽光のスペクトル分布とともに，絶対温度が 373 K，773 K，1 273 K の物体から放射される電磁波のスペクトル分布も併せて示している。

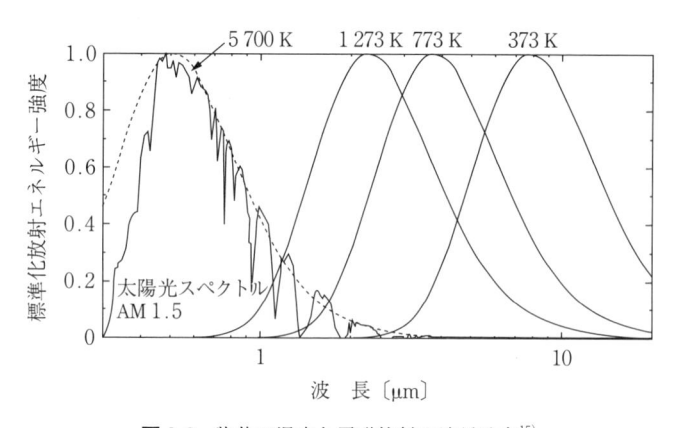

図 2.8 物体の温度と電磁放射の波長分布[15]

ところでキルヒホッフの法則によると，不透明な材料では分光吸収率と分光放射率とは等しくなる。すなわち，ある波長域の電磁波を吸収するような物体は，同時に赤外放射も大きくなることになる。したがって，レシーバ表面に紫外域から長波長の赤外域までの広い波長域の電磁波を吸収しやすい被膜を形成すると，太陽光については吸収率が上がるが，高温になったレシーバ表面からの赤外放射も同時に増加してしまうことになる。この矛盾を解決するために

は，電磁波の波長によって表面の電磁波吸収特性を変えればよい．すなわち，レシーバの表面には，短波長側の太陽エネルギーを可能な限り吸収し，赤外放射はできるだけ放射しない（言い換えれば吸収せずに反射する）特性を持つ被膜を形成すればよいことになる．このような特性を持つ被膜を選択吸収膜と呼んでいる．

図2.8において，太陽光の波長分布と各温度の物体から放射される赤外線の波長部分は重なっており，しかも高温になるほどその重なりは大きくなる．この場合には，入力する太陽エネルギーと放射エネルギー損失の差が最大になるように，ある波長以下の電磁波を吸収し，それより長い波長をできるだけ吸収しないような選択吸収膜を形成すればよい．この境界となる波長をカットオフ（波長）と呼んでいる．このカットオフ波長は，一般に $2\,\mu m$ 程度であるが，レシーバ表面が高温になるほど短波長側へとシフトする．

初期の選択吸収膜としては黒クロムメッキなどが用いられていたが，現在では図2.9に一例を示す，高度に設計された多層被膜が使用される．図に示す被膜では，最表面の反射防止コートで可能な限り太陽光を選択吸収膜に取り込み，サーメット層で比較的短波長の太陽光を吸収し，長波長の赤外域の電磁波は赤外反射層（IR反射材）でできるだけ反射して吸収率を低下するように工夫されている．

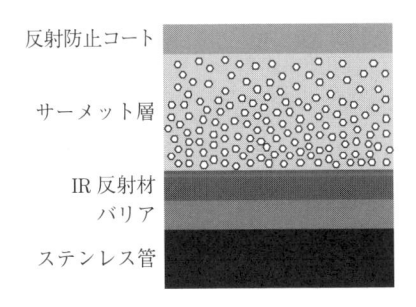

図2.9 選択吸収膜の例

サーメット層はアルミナのような誘電体の中に，耐熱性が高いモリブデンなどの金属の微粒子を分散させたものである．金属の微粒子が誘電体の中に分散することで，光の吸収効率を著しく高めている．金属粒子の組成や大きさ，濃

度とその分布などによってその特性が異なるため、各メーカがそれぞれ独自の工夫を凝らしている。

選択吸収膜の開発目標は、高温の空気存在下においても酸化しない被膜の形成とのことであるが、現時点では開発途上である。

選択吸収膜の性能目標について、米国エネルギー省（DOE）は吸収率 α が 0.96 以上、放射率 ε が 450℃の条件において 0.07 以下としている。特に放射率については、今後プラントの稼動温度が上昇する見込みであることから、特に放射率が低いことが重要とされている。

2.3.2 レシーバのエネルギーバランスと集光の効果

レシーバのエネルギーバランスを図 2.10 をもとに考える。レシーバに吸収される光のエネルギーを Q_{opt}、熱損失を Q_{loss} とすると、レシーバにおいて熱媒体に伝えられた有効なエネルギー Q_{eff} は次式で表される。

$$Q_{eff} = Q_{opt} - Q_{loss} \tag{2.1}$$

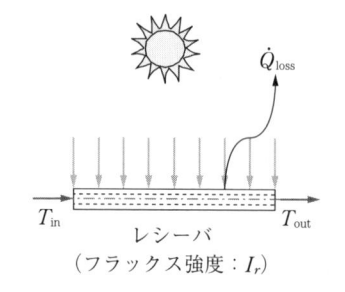

図 2.10 レシーバのエネルギーバランス

レシーバにおいて熱損失は、放射、対流、熱伝導によって生じるが、一般に熱伝導による損失は少ない。また、比較的低温では対流による損失が大きいが、高温になるに従い放射による損失の割合が急増する。

レシーバ単位面積当りの有効なエネルギー Q_{eff}/A_r は、式 (2.1) より

$$\frac{Q_{eff}}{A_r} = C\eta_{opt}I_a - \left[h_c(T_r - T_a) + \varepsilon\sigma T_r^4\right] \tag{2.2}$$

ここで

A_r　：レシーバ面積〔m^2〕
C　：集光度〔コレクタアパチャ面積/レシーバ表面積〕
η_{opt}　：光学効率
I_a　：DNI の強度〔$W \cdot m^{-2}$〕
h_c　：平均対流熱伝達係数〔$W \cdot m^{-2} K^{-1}$〕
ε　：放射率
σ　：ステファン-ボルツマン定数, 5.67×10^{-8}〔$W \cdot m^{-2} \cdot K^{-4}$〕
T_r, T_a：レシーバおよび雰囲気温度〔K〕

で表される.ただし,式 (2.2) は熱伝導を無視している.

コレクタ効率 η_{col} は,レシーバにおける有効エネルギー Q_{eff} をアパチャに入る全太陽光のエネルギー $A_a I_a$ ($= CA_r I_a$) で除したものである.したがって,式 (2.1) より次式が得られる.

$$\eta_{col} = \eta_{opt} - \frac{h_c(T_r - T_a) + \sigma \varepsilon T_r^4}{CI_a} \tag{2.3}$$

式 (2.3) より明らかなように,コレクタ効率を高めるには,コレクタの光学効率を上げるか,熱損失を下げるしか方法がない.光学効率は,レシーバ材料の光の吸収率を高めるか,反射光からの光が漏洩することなくレシーバに当たるような設計をすればよい.一方,熱損失に関する項を減少させるには,集光度を上げるのが最も効果的である.

式 (2.3) をもとに,コレクタ効率とレシーバ温度との関係に及ぼす集光度の影響を示したのが**図 2.11** である.なお,本図では簡単のため,対流熱伝達は無視し,放射熱伝達のみを考慮している.あわせて,図にはカルノー効率も示されている.図から明らかなように,ある一定の集光度のコレクタの効率は,温度の上昇とともに低下するが,これは放射損失によるものである.しかし,コレクタの効率は,集光度が高くなるほどレシーバの温度が高くなっても低下しにくくなっている.一方,熱機関の理想効率であるカルノー効率は,温度が高くなるほど上昇する.

図 2.12 は,コレクタ効率とカルノー効率とを乗じた,太陽エネルギーから

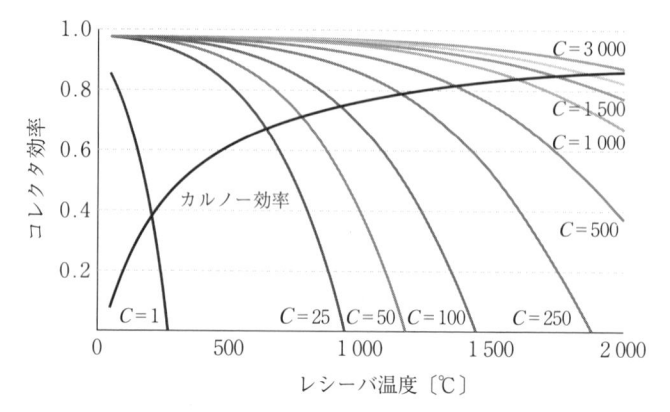

図 2.11 コレクタ効率に及ぼす集光度 C の影響

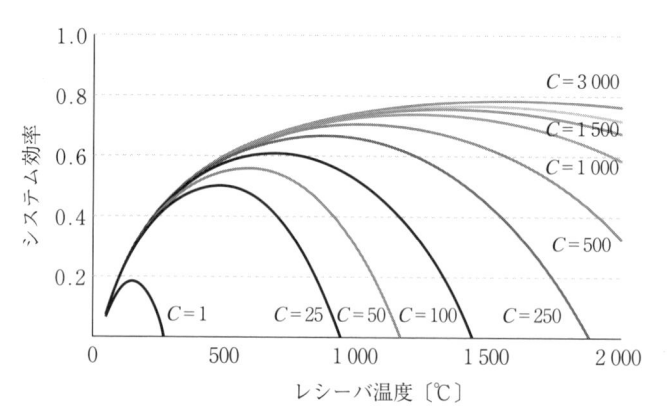

図 2.12 システム効率（＝コレクタ効率×カルノー効率）に及ぼす集光度 C の影響

発電までのシステム効率を表している。この計算結果から明らかなように，集光度が高くなるほどコレクタ効率のピークは高温側へとシフトし，しかも，ピークの絶対値は集光度が高くなるほど上昇している。したがって，パラボラ・トラフ型やリニア・フレネル型のような集光度が低い線集光型よりも，集光度が高いタワー型のほうが効率は高い。集光度 2 000 以上が容易に得られるパラボラ・ディッシュ型の場合には，コレクタ効率はさらに高くなる。

2.3.3 蓄熱システム

〔1〕 蓄熱システムの導入効果　CSPが再生可能エネルギーを用いた発電技術のなかにおいて独自の地位にあるのは，電力需要に合わせ，太陽が照らない時間帯にも比較的容易に電力供給が可能であること，すなわちディスパッチャビリティ（dispatchability）が高いことによる。これは，蓄熱システムが蓄電池よりも低コストでエネルギーを蓄えられるためである。もともとCSPは，図1.3に示したように，PVと比較して日射の変動に起因する短時間の発電量の変化は小さい。これは，太陽光を熱に変換して発電するため，熱慣性や蒸気タービンなどの機械的な慣性力によるものである。しかし，比較的長時間にわたる雲などによる日射の遮断対策や，夜間に電力供給を行うためには，どうしても蓄熱システムの導入が必要である。

図2.13は，蓄熱システムの導入効果を模式的に示したものである。日中は発電に使用する以上の過剰なエネルギー部分を蓄熱媒体に蓄えておき，日射が十分に得られなくなった際に使用する。この場合，長時間の蓄熱システムの導入により，蓄熱だけで24時間運転も可能となる。そのほか，蓄熱システムとボイラを組み合わせたハイブリッドシステムという選択肢もある。燃料には，石油や天然ガスなどの化石燃料を使用するが，将来的には本書の後半で説明するソーラフューエルを使用すると，ハイブリッド運転でありながら太陽エネルギーが100％の発電も夢ではない。このようにCSPは蓄熱システムの導入により，また，それにボイラを組み合わせることにより，柔軟に電力需要に合わせた運転をすることも可能である。

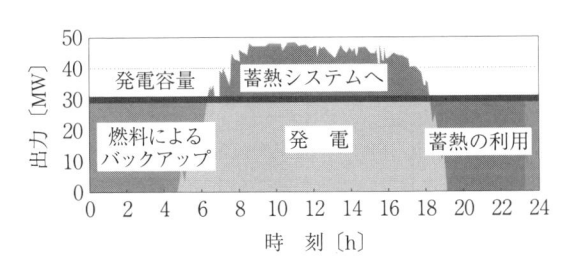

図2.13　太陽熱プラントにおける蓄熱/ハイブリッド運転の効果[8]

〔2〕 **蓄熱システムの動向**　CSPで使用されている,もしくは今後使用される可能性がある蓄熱システムは以下のとおりである。

・顕熱蓄熱
　　液体……溶融塩など
　　固体……コンクリートなど
・潜熱蓄熱
　　固液……溶融塩,金属
　　固固……金属など
・化学蓄熱

現在,CSPプラントで用いられているのは,液体の蓄熱媒体を用いた顕熱蓄熱システムで,蓄熱媒体としては硝酸塩系溶融塩を用いている。これは後述するように,高温・低温の二つのタンクを用いるものである。しかし,現在はシステムの低コスト化,安価な固体蓄熱の導入ならびに新規の蓄熱材料を導入することによる高性能化が図られている。

〔3〕 **現在の蓄熱システム**　現在,CSPで用いられる蓄熱システムは,蓄熱媒体として硝酸塩系溶融塩を使用し,高温・低温の二つのタンクを用いるものである。図2.14は,スペインの50 MWのパラボラ・トラフ型プラントに組み込まれた例である。朝,低温タンクにある溶融塩は,日中の太陽熱によって加熱された熱媒体により熱交換器で昇温され,高温タンクに溜められる。夜

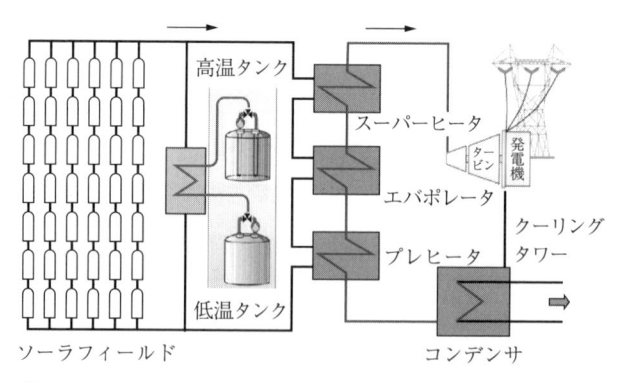

図2.14　パラボラ・トラフ型プラントで一般的な蓄熱システム

間や長時間の曇りの場合には，高温タンクの溶融塩が逆に熱媒体を加熱し低温タンクへと移動する。スペインで多数建設されている蓄熱システムを備えた50 MW のプラントでは，表 2.2 に示すように蓄熱時間は 7.5 時間，溶融塩量は 28 500 トンである。また，蓄熱用の溶融塩は，硝酸ナトリウム 60％と硝酸カリウム 40％の 2 成分系を用いている。

表 2.2 Andasol One の蓄熱システム[16]

発電容量	49.9 MWe
蓄熱システム	7.5 時間相当
溶融塩タンクシステム	2 タンク
使用溶融塩	2 成分系溶融塩（$NaNO_3$（60％），KNO_3（40％））
溶融塩温度	高温タンク：386℃，低温タンク：292℃
溶融塩量	28 500 トン

ところで，蓄熱システムを持つ CSP プラントでは，日中の運転用のコレクタに加えて蓄熱用の熱エネルギーを蓄えるために余分なコレクタが必要なことである。一般に，6 時間運転用の蓄熱システムでは，蓄熱システムがない場合の 2 倍のコレクタ面積が必要となる。これをソーラマルチプル（solar multiple, SM）が 2 であるという。12 時間の蓄熱が必要な場合は SM3，18 時間の蓄熱でほぼ 24 時間運転を行う場合には SM4 となる。一般に，少し古いタイプのコレクタでなおかつ年間 2 000 kWh/m^2 程度の DNI の地域では，アパチャ面積は 6 000 m^2/MW が必要であるといわれている。したがって，SM2 では約 12 000 m^2/MWe，SM3 では 18 000 m^2/MWe のアパチャ面積が必要となる。当然ながら DNI が高く，最近の高効率なコレクタではこれよりもアパチャ面積は少なくて済む。

蓄熱システムを有する発電容量 50 MWe の Andasol One と，蓄熱時間が約 30 分と短く，発電容量が 64 MWe の Nevada Solar One（NSO）の発電量の比較を表 2.3 に示す。Andasol One は，発電容量が NSO よりも低いにもかかわらず，年間発電量が多い。

図 2.15 は，年間の全負荷運転時間（Flh）と DNI の関係を示しているが，

表2.3 蓄熱システムの導入効果

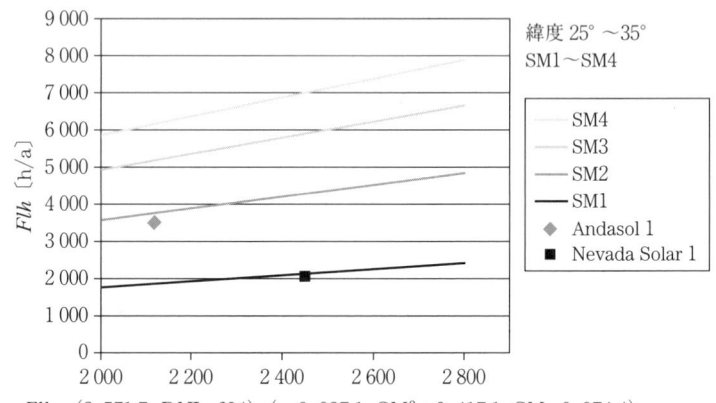

	Andasol One	Nevada Solar One
サイト DNI	2 100 kWh/(m^2·年)	2 450 kWh/(m^2·年)
蓄熱時間	7.5 hr	0.5 hr
発電容量	50 MWe	64 MWe
年間発電量	180 GWh	140 GWh

$$Flh = (2.571\,7 \cdot DNI - 694) \cdot (-0.037\,1 \cdot SM^2 + 0.417\,1 \cdot SM - 0.074\,4)$$

図2.15 年間全負荷運転時間（Flh）と DNI との関係に及ぼす SM（ソーラマルチプル）の影響[9]

蓄熱システムがあることで全負荷運転時間が延びるのは明白である。これは，雲の通過などによる日中の発電量の変動がなくなることや，日没後の運転時間が延びることにより，設備の稼働率が向上するためである。また，日射量が高い地域に設備を設置するほうが年間稼働率はより高くなる。なお，図2.15 では Andasol One の蓄熱容量を，表2.2 に示したメーカ側の公表値よりも低く見積もっている。

ところで，図2.14 のシステムは高温タンクと低温タンクとの温度差が高々100℃であり，蓄熱容量を増やすためには設備が大型化し，設備費が増大するという問題がある。この原因は，熱媒体として使用しているビフェニルとジフェニルエーテルの混合物の使用上限温度が高々400℃であり，熱交換して得られる溶融塩の最高温度は，熱媒体の温度よりも 10〜20℃ 程度低いことと，

溶融塩の融点が約230℃と高く，安全を考えると，低温側は290℃程度で維持しなければならないことである。一般に，蓄熱を導入すると稼動率が向上し，その結果，設備費の増加に比較して，より発電量が増加することで発電コストは低下するというものである。しかし図2.14のシステムでは，設備費がかさむことなどから，発電コストの低下はあまり見込めない。このような状況を打開するためには，低コストの蓄熱設備の開発に加え，より高温まで使用できる熱媒体の導入，融点の低い蓄熱媒体の使用が必要である。

なお，同様に溶融塩を用いた2タンク蓄熱システムでも，2011年5月に商業運転を開始したスペインのタワー型プラント「Gemasolar」では，タワー上部のレシーバで直接溶融塩を565℃まで加熱しているため，高温タンクと低温タンクにためられる溶融塩の温度差が大きい。その結果として，蓄熱タンクの容量も相対的に小さく，低コストの蓄熱システムとなっている。

〔4〕 **新規蓄熱システム** 現在，商業運転されている蓄熱システムは，溶融塩を用いた2タンクシステムであるが，CSPプラントの低コスト化とディスパッチャビリティの向上のため，蓄熱システムの開発が盛んに行われている。

図2.14に示した2タンクの蓄熱システムを一つのタンクとするサーモクライン方式の開発が行われている[17]。これは，一つのタンクの上下に，それぞれ高温と低温の蓄熱媒体を入れるものであり，設備費は2タンクよりも低下する。このような設備の面からの低コスト化もあるが，大部分は新たな蓄熱材料の開発に向かっている。

顕熱蓄熱システムでは，低コストで蓄熱が可能なコンクリートの使用が検討されている[18]。また，アスベストやフライアッシュをガラス化し，蓄熱材として使用する動きもある[19],[20]。アスベストは人体にきわめて有害であり，なおかつ世界的に大量に存在し，その処理に困っていることは周知である。ガラス化アスベストは熱衝撃に強いとのことであり，その特性を生かす有効利用法の一つとして注目される。アスベストは高温でガラス化する際に多大なエネルギーが必要であるが，このエネルギーを集光太陽光で供給することも考えられる。

顕熱蓄熱システムは，蓄熱密度が低く，システムの容積が大きくなるのが欠

点である。このため，現在では蓄熱密度が高い潜熱蓄熱や化学蓄熱が注目されている。潜熱蓄熱システムは，相変化材料（phase change material，PCM）を用いるものである[21]。PCMを用いるメリットとしては，容積当りのエネルギー密度が顕熱蓄熱よりも高いことである。また，使用される蓄熱温度条件に合う蓄熱材料を用いれば，一定温度の熱供給が可能である。そのほかのPCMの要求性能としては，以下の項目が挙げられる。

・潜熱と比熱が大きいこと
・伝熱速度が高いこと
・熱安定性が高いこと
・腐食性が低いこと
・安全性が高いこと

CSPに適したPCMとしては，硝酸塩系溶融塩が注目されている。これは，供給可能温度域が用途に合っており，なおかつコストも低く安全性も高いためである。しかし，溶融塩自体は熱伝導率が低いため，グラファイトとのコンポジット化や，熱交換器のフィンを多くして熱伝導面積を増やす工夫がされている[21]。より高温の用途には，炭酸塩系溶融塩の利用も考えられる。

可逆的な化学反応を利用した化学蓄熱もCSPの蓄熱システムとして注目度が高い。化学反応は蓄熱密度が高く，適切な反応系を選ぶことで，幅広い温度域に適用できる。化学蓄熱に用いられる反応系の要求性能としては，可逆反応であることと，蓄熱密度が高いことであり，当然として，以下のような項目が挙げられる。

・選択性が高いこと
・反応耐久性が高いこと
・反応活性が高いこと
・伝熱性が高いこと
・腐食性が低いこと
・安全性が高いこと

表2.4にCSPに適した化学蓄熱の例を示す[22]。アンモニアの分解と合成を

表2.4 CSPに適した化学蓄熱の例[22]

蓄熱材料	反応式	ΔH 〔kJ/mol〕	平衡圧 〔bars〕	平衡温度 〔℃〕	体積蓄熱密度 〔kWh/m^3〕
アンモニア	$NH_3 \leftrightarrow \frac{1}{2}N_2 + \frac{3}{2}H_2$	49	150	593	59
炭化水素	$CH_4 + H_2O \leftrightarrow 3H_2 + CO$	205	1	687	23
	$CH_4 + CO_2 \leftrightarrow 2H_2 + 2CO$	247	1	687	24
金属酸化物	$MnO_2 \leftrightarrow \frac{1}{2}Mn_2O_3 + \frac{1}{4}O_2$	42	1	530	73
金属水酸化物	$Ca(OH)_2 \leftrightarrow CaO + H_2O$	100	1	521	324
金属炭酸塩	$CaCO_3 \leftrightarrow CaO + CO_2$	167	1	896	113

利用するシステムについては，その開発例を3.4.3項で説明する。そのほか，メタンの改質を利用するもの，金属酸化物の酸化還元反応を利用するものなどさまざまである。実用的には，反応熱が高いだけではなく，体積蓄熱密度が高くなる気固反応系を用いるほうが合理的である。金属酸化物の酸化還元反応のほか，金属水酸化物の脱水反応と水和反応を利用するもの，金属炭酸塩の脱炭酸反応と炭酸化反応を利用するものなどが考えられる。CSPに適した化学蓄熱システムの開発はPCMに続く技術と位置付けられており，各国で開発が始まっている。

3 CSP の技術

本章では，代表的な CSP の集光・集熱技術である，パラボラ・トラフ型，リニア・フレネル型，タワー型ならびにパラボラ・ディッシュ型について，集光および光を熱へと変換するレシーバに関する技術の特徴を中心に記述する。また，本章の最後には，CSP の課題として CSP が目指すべき方向性やプラントを設置する際に問題となる水，土壌などの影響についても説明する。

3.1 パラボラ・トラフ型 CSP

3.1.1 パラボラ・トラフ型コレクタの構造

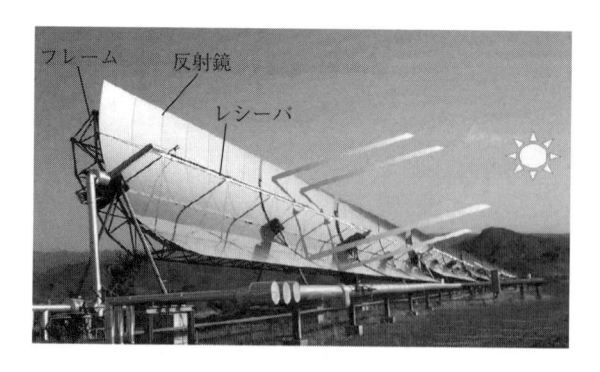

パラボラ・トラフ型コレクタ（PTC）は，図 3.1 および図 3.2 に示すように，断面が放物線形状の反射鏡と，その焦線上にあるレシーバで構成されている。PTC の中心軸に平行に入る太陽光は，反射鏡面で反射され，焦点（焦線）

図 3.1 パラボラ・トラフ型コレクタ（PTC）[23]

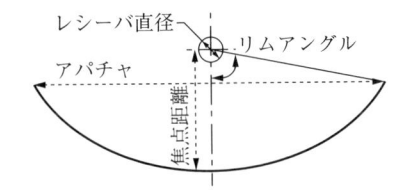

図 3.2 PTC の主要パラメータ

上に集光する。レシーバで光は熱へと変換され，管内を流れる熱媒体（high temperature fluid, HTF）を加熱する。

図 3.2 に示す実際に太陽光が入射する PTC の横幅をアパチャと呼び，コレクタの面積を計算する際の基準とする。反射鏡の端と PTC の焦点（レシーバチューブの中心）を結ぶ線と，PTC の中心軸とがなす角をリムアングルと呼んでいる。リムアングル θ を 15～150° まで変えた場合のパラボラ形状の変化を図 3.3 に示す。リムアングルが小さいと，PTC の反射鏡はフラットに近くなって風の影響を受けにくく，また，反射鏡長さが短くなるために軽量となる。しかし，リムアングルが小さくなると焦点距離が必然的に長くなる。

一方，コレクタの効率は反射鏡からレシーバまでの距離が短いほど高い。これは，図 2.4 に示したように，焦点距離が長くなるほど反射光が広がり，反射光をすべてレシーバで受光することが困難になるためである。しかしながら，

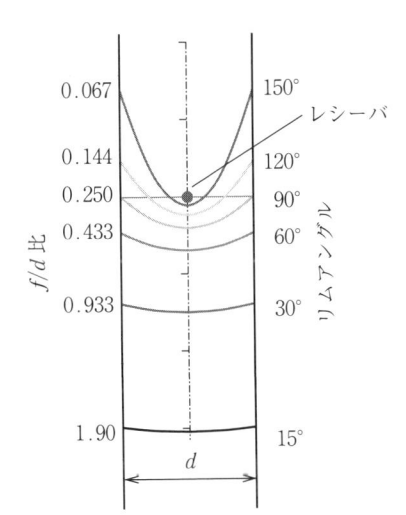

図 3.3 リムアングルがパラボラ形状に及ぼす影響

リムアングルが大きく，すなわち，焦点距離が短くなると，同じアパチャ幅で考えた場合，図3.3のように反射鏡長さが長くなり，反射鏡は重く，コレクタのフレームも必然的に重くなる。また，風の影響を受けやすくなる。したがって，効率とコストとのバランスが重要となる。一般に，プラントで実際に使用されているコレクタのリムアングルは70～85°程度である。

現在のPTCはアパチャが5～6 mのものが多いが，Solar Millennium社のHelio Troughや，Flabeg社を中心とするグループが開発中のUltimate Troughのような新型コレクタのアパチャは，それぞれ6.7 mおよび7.5 mと大型化の傾向にある[24), 25)]。アパチャを広くすると，単位長さ当りに得られるエネルギー量が増えることに加え，相対的にレシーバの数，フレキシブルジョイントや追尾用駆動装置の数などが減少し，単位アパチャ面積当りの設備費が低下するからである。

ところで，レシーバの直径が同じままでアパチャを広くすると，前述のように集光度が高くなり，コレクタ効率は上昇する。しかし，反射鏡からレシーバまでの距離が長くなり，反射光の広がりが大きくなり効率は低下する。したがって，集光度を高くするよりもレシーバで確実に受光することを優先し，レシーバの直径を大きくするほうが一般的である。

PTCのレシーバは後述するように，一般に直径70 mmのステンレス管の外側をガラス管で覆った構造である。PTCの集光度は，1.1.1項の集光度の定義からアパチャ面積/レシーバの面積であるから，アパチャをd，レシーバ直径をDとすると$d/\pi D$となる。しかし，PTCメーカの表記では，集光度としてアパチャをレシーバの直径で割った幾何学的集光度d/Dもよく用いられる。したがって，集光度を比較する際には注意が必要である。

代表的なPTCのフレーム構造と各PTCについて，風による曲げや，ねじれによるコレクタの変形を，有限要素法を用いて計算した結果を**図3.4**に示す。

これらのPTCについて，LS-2とLS-3は，ともにLuz社が開発したもので，カリフォルニアのSEGS（Solar Energy Generation System）で現在も使用されているコレクタである。また，ET（Euro Trough）は，1998～2001年にかけ

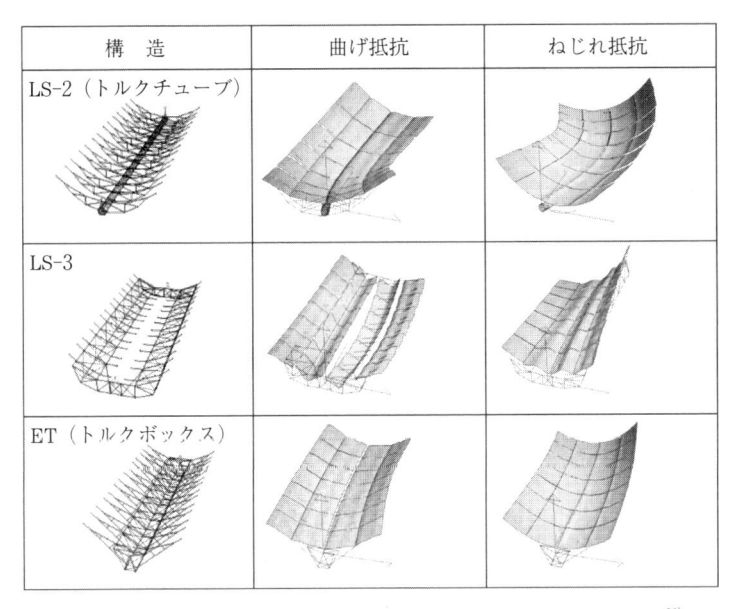

構　造	曲げ抵抗	ねじれ抵抗
LS-2（トルクチューブ）		
LS-3		
ET（トルクボックス）		

図3.4 代表的なPTCのフレーム構造と有限要素法による解析結果[26]

てEUの研究機関や企業のコンソーシアムが開発したものであり，ヨーロッパの主要メーカが採用している。ドイツのSolar Millennium社のSKAL-ETコレクタがよく知られているが，スペインのAbengoa Solar社なども使用している。

　LS-2は現在のPTC構造の基礎となっている。同コレクタは，トルクチューブと呼ばれる中心にある太いパイプと，それに取り付けられている反射鏡を取り付ける片持ばりで構成されている。この構造は，ねじれや曲げに対しても比較的強い。より高い剛性が必要な場合は，チューブの直径を大きくすればよい。LS-3はLS-2のアパチャを広げ，軽量化のためにトルクチューブ構造を廃したものである。しかし，その結果，ねじれやたわみ強度が低下し，集光性能はLS-2よりもむしろ劣っている。ETは，LS-2のトルクチューブの代わりに，トルクボックスと呼ばれるトラス構造で組み上げた箱形の構造を採用したものである。ETのねじれやたわみ強度はLS-2を上回るとされているが，溶接で組み立てるトラス構造であるため製造コストは高いと思われる。

このような代表的なコレクタのほか，スペインのSener社はSener Troughと呼ばれるPTCを製造している[27]。これは，基本的にLS-2と同じ構造であるが，反射鏡と取り付ける梁はプレス加工で製造されるもので，組立作業を効率化して低コスト化を実現している。また，ETを採用しているSolar Millennium社は，2011年に上市したHelio Trough™でトルクチューブ構造を採用している[24]。このように，トルクチューブ構造はコレクタの合理的な設計であり，各社の動きは原点回帰ともいえる。そのほか，米国のSolar Genix社（現在はスペインのAcciona社が買収）は，同じく米国のGossamer Spaceframes社が開発したOrganic Hubbing structureと呼ばれるトラス構造を採用している。

PTCは，**図3.5**に示すようにモジュールを直列に接続して使用するが，これをSCA（solar collector assembly）と呼んでいる。接続するモジュールの数は，運転時の熱媒体の温度や日射条件によって異なる。SCAでは，直列に接続したモジュール列の中央にアクチュエータを置き，太陽を追尾している。駆動装置としては油圧アクチュエータが一般的である。追尾の制御方法には，センサ制御方式とコンピュータ制御方式の両方が用いられている。太陽追尾が不

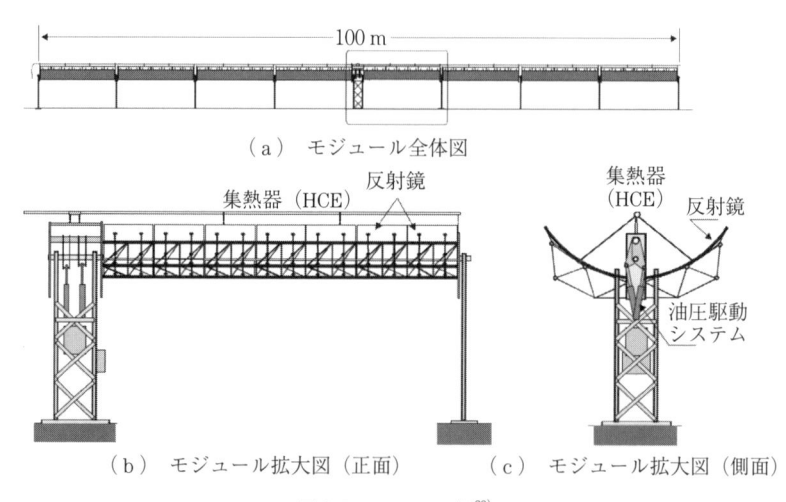

（a）モジュール全体図

（b）モジュール拡大図（正面）　　（c）モジュール拡大図（側面）

図3.5 PTCの一例[28]

正確であると，光軸に対して斜めに光が入ることになり，焦点に集光できなくなる。

パラボラ・トラフ型 CSP のプラントでは，図 3.5 に示したような SCA を多数並べて，ソーラフィールドが形成されている。**図 3.6** は，カリフォルニアにある SEGS のソーラフィールドである。図のように，各コレクタをアパチャの 3〜4 倍の間隔で設置するのが普通である。このように間隔をあける理由は，朝夕の太陽高度が低い時間帯に，隣のコレクタの影になって太陽光が入射できなくなるシャドウイングと呼ばれる損失を抑制するためである。

図 3.6 パラボラ・トラフ型 CSP（SEGS）のソーラフィールド

ところで，パラボラ・トラフ型 CSP プラントではどのくらいの大きさのソーラフィールドが必要であろうか。一般に DNI が 2 000 kWh/m^2 年の条件下では，約 6 000 m^2/MWe のアパチャ面積が必要とされている。なお，これは比較的古いタイプの PTC をもとに概算したものであり，最新型のコレクタを使用した場合には，これより狭い面積となる。もちろん日射条件が良い場合にも必要なアパチャ面積は低下する。ちなみに，2007 年に運転を開始した Nevada Solar One のアパチャ面積は，約 5 700 m^2/MWe である。このアパチャ面積に対して必要な敷地の面積は，上述の説明からアパチャ面積の 3 倍以上が必要であり，敷地面積は 18 000〜24 000 m^2/MWe となる。

3.1.2 レシーバ

パラボラ・トラフ型コレクタでは，レシーバのことを集熱器（heat collecting element, HCE）と呼ぶことも多いが，ここでは用語の統一のため，レシーバと記述する。パラボラ・トラフ型で一般に使用されるレシーバは**図3.7**に示すように，ステンレス管の外側をガラス管で覆った真空二重管構造である。ステンレス管は通常，直径が70 mmであり，その表面には，2.3.1項で説明した選択吸収膜が形成されている。外側のガラス管は直径が110 mm程度で，表面には太陽光の吸収を高めるための反射防止コートが施されている。ガラスとステンレスとの間は，熱損失を低減するために10^{-2} Pa（10^{-4} torr）程度の真空にしている。レシーバは稼動時と運転停止時の温度差が大きい。したがって，真空を維持するためのシール部分は，ステンレス管とガラス管の熱膨張の差と，その繰返しを十分考慮した設計とする必要がある。このため，レシーバ両端部は，図3.7および**図3.8**に示すように，熱膨張を吸収するためベローズ（蛇腹）構造を採用している。また，メーカによってはガラス管部分にはステンレス鋼と熱膨張率が近い特殊なガラスを用いている場合もある。

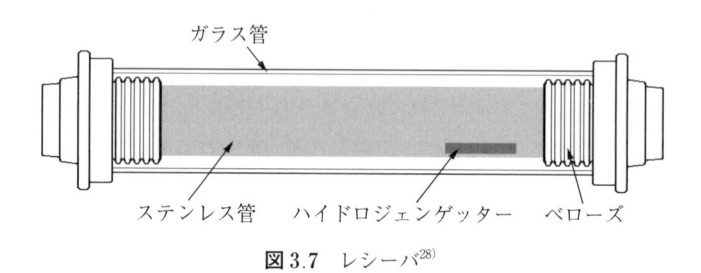

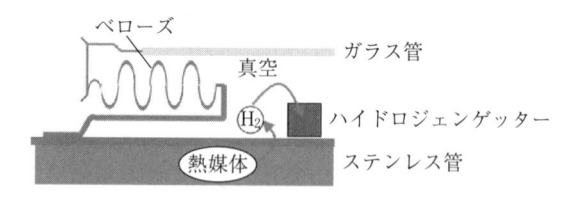

図3.7 レシーバ[28]

図3.8 シール構造

レシーバの課題は，選択吸収膜の高性能化とシール部分である。シール部分は図 3.8 のように，ガラスと金属とをベローズを介して結合しており，レシーバの温度変化に基づき伸縮を繰り返している。そのため，シール部分の信頼性と耐久性能向上が必須である。シールが破損し真空状態でなくなると，空気の侵入により熱損失が増加するだけではなく，選択吸収膜中の金属粒子などが酸化して所期の性能を失ってしまうことになる。

真空二重管構造のレシーバに特徴的なものとして，真空部分にはハイドロジェンゲッターと呼ばれるものが挿入されている。これは名前のとおり，水素を吸収するものである。この水素はステンレス管の内部を流れる熱媒体に由来する。PTC の熱媒体としては，ビフェニルとジフェニルエーテルの混合物が一般に使用される。この種の熱媒体の使用温度限界は，高々 400℃ であるが，高温で使用していると徐々に熱分解して水素を発生する。これがステンレス管を透過して真空部分に侵入する。水素は熱伝導率が空気に比べて非常に高く，**図 3.9** に示すように，真空部分にわずかな量でも水素が侵入するとレシーバの熱損失は急増する。これを抑制するためにハイドロジェンゲッターが挿入されている。なお，上述の熱媒体の使用温度限界が PTC の稼働温度を 400℃ よりも低く設定する理由であり，それによりプラントの蒸気温度，ひいてはランキンサイクル効率が低くなる原因となっている。

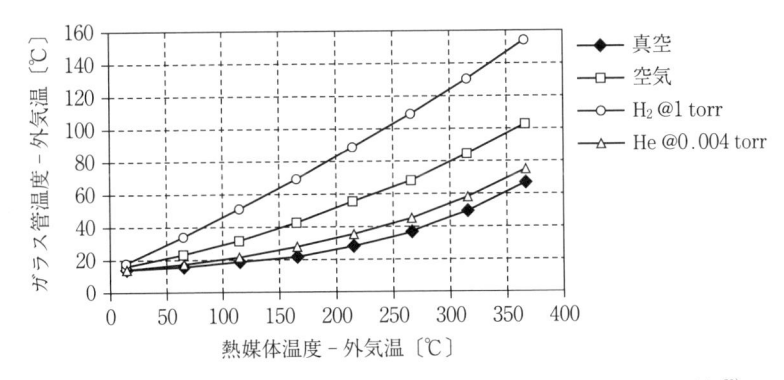

図 3.9 レシーバの真空部分への水素と空気の侵入が熱損失へ及ぼす影響[20]

3.1.3 コレクタ性能に及ぼす各種要因

PTC の反射鏡表面においても太陽光の反射は図 2.4 に示したとおりであり，反射光は反射鏡から離れるほど広がっていく。したがって，PTC の反射光は図 3.10 に示すように，たとえ反射鏡が理想的な曲面であっても，レシーバ部分である程度の広がりを持つことになる。つまり，レシーバのステンレス管の直径がこの広がりの大きさよりも細い場合には，100％反射光を受けられないことになる。反射光の広がりは，太陽の円錐半角の 4.65 mrad に加え，反射鏡の粗さとうねり，反射鏡およびレシーバの取付け誤差，追尾誤差が加わって拡大する。反射光は反射の法則により，局所的な表面の角度の誤差の 2 倍で影響するため，表面の精度の影響は大きい。

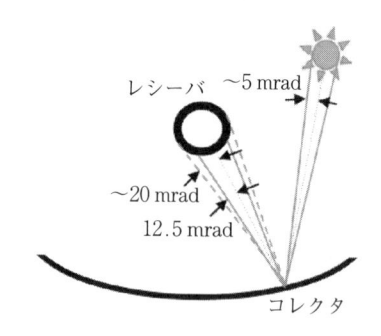

図 3.10 PTC における太陽光の反射

コレクタフレームに取り付けた反射鏡のひずみを定量的に評価するため，レーザ光の反射によって表面のひずみを検出する VSHOT（video scanning hartmann optical test）などの測定ツールが開発されている[30]。

太陽追尾の誤差の影響も大きい。追尾誤差があると，太陽光線は光軸に対してある角度を持って入力することになり，反射光もその分ずれてしまう。ただし，PTC の場合には反射鏡とレシーバとが一体で動くため，追尾誤差の場合は反射鏡のうねりや取付け精度のように誤差の 2 倍ではなく，追尾誤差そのものの大きさで影響する。これらの誤差に関しては，すべてガウス分布であると仮定し，その RMS（自乗平均）を反射光の質（beam quality）として評価している。

3.1 パラボラ・トラフ型CSP

　以上のような誤差を考慮して，レシーバに当たる範囲内での太陽光の入射角度の範囲をアクセプタンス角と呼んでいる。すなわち，これ以上の角度で光が入っても，すべての反射光はレシーバに当たらないことになる。逆に反射光がレシーバに当たる割合をインターセプトファクタと呼んでいる。Pettit によると，追尾誤差など各種誤差を含めると，反射光の広がりが 20 mrad 以下であるとすべての反射光をレシーバに当てることができる。また，反射鏡の誤差による反射光の広がりは，12.5 mrad まで許容できるとしている[31]。

　2.3.2項に示した式 (2.3) において，PTC の光学効率 η_{opt} は，つぎの式でも表される。

$$\eta_{opt} = \rho \cdot \tau \cdot \alpha \cdot \gamma \tag{3.1}$$

ここで

　ρ：反射鏡の反射率

　τ：レシーバの外側ガラス管の透過率

　α：レシーバの吸収率

　γ：インターセプトファクタ

である。この光学効率から熱損失を引いたものがコレクタの効率となる。

　ところで，式 (3.1) は面に対して垂直に光が入射した場合の値である。したがって，PTC のように 1 軸追尾のコレクタに関しては，追尾を行わない方向については斜めに光が入ってくる効果を考えなければならない。この入射角がコレクタの効率に及ぼす影響を表すのが IAM（incident angle modifier）である。IAM に最も影響を及ぼすのはコサイン効果であるが，そのほかコレクタの設計によるレシーバを取り付ける支柱や，レシーバの接続部分の影響なども総合的に考慮している。したがって，IAM はそれぞれの PTC に関して固有の傾向を示すことになる。IAM を東西方向（transversal）と南北方向（longitudinal）とに分けて考えると，PTC の場合には**図 3.11** に示すような傾向を示す[32]。なお，ここでは次節に示すリニア・フレネル型コレクタ（Fresdemo）の IAM についても一緒にプロットしている。

　PTC の東西方向の IAM については，天頂角（入射角と考えてよい）が 0 〜

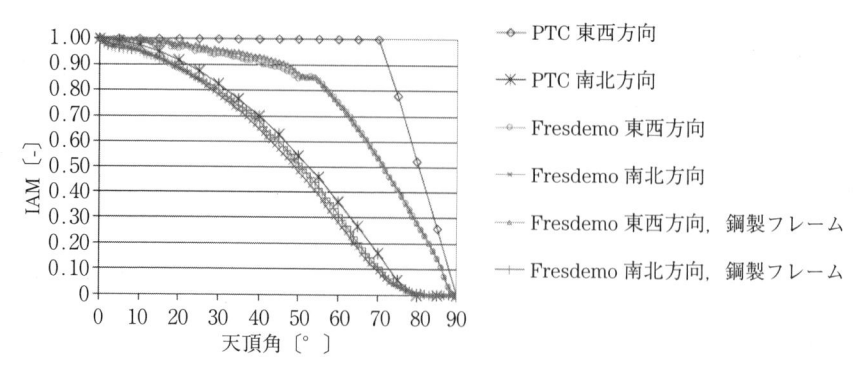

図3.11 PTCとリニア・フレネル型のIAM[32]

70°までは1.00であり，それ以上の角度になると急減する。これは，太陽の日周運動の方向に関しては，つねにコレクタ自体が太陽方向を向いているためであるが，70°以上の角度になると，隣接するPTC列の影になるためにIAMは急減する。したがって，PTC列の間隔によって，IAMが減少し始める角度は変化することになる。一方，南北方向のIAMに関しては，この方向での太陽追尾を行わないため，主としてコサイン効果により，IAMは角度の増加とともに低下する。

3.1.4 CSPにおける発電法

最も一般的なCSPの発電方式は，集光・集熱系で集めた太陽熱を用いて蒸気を製造し，蒸気タービンを回して発電するものである。ここでは，カリフォルニア州のモハベ砂漠にある世界最初のパラボラ・トラフ型CSPプラント，SEGSの装置構成を用いて，CSPの発電について説明する。図3.12に示すように，ソーラフィールドで加熱された熱媒体は，蒸気製造装置で水蒸気を発生する。SEGSでは370℃程度の過熱蒸気を製造している。水蒸気は蒸気タービンを回して発電し，コンデンサで冷却され再び蒸気製造装置へと送られる。このように，CSPプラントは火力発電と同じ一般的な蒸気ランキンサイクルを用いている。

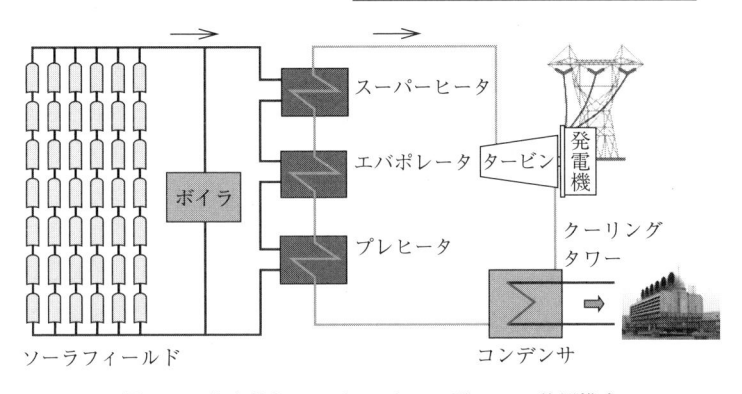

図 3.12 代表的なパラボラ・トラフ型 CSP の装置構成

SEGS の各プラントは，雲などにより日射量が低下した場合もしくは夕方まで運転を延長したい場合に備えて，熱媒体を加熱するための天然ガス焚きボイラが設置されている。また，より高効率の発電を行うため，ボイラを蒸気条件の向上のために導入することもある。なお，天然ガスの使用は，年間発電量の最大 25％以下になるように上限が決められている。

CSP の設置に適した地域は同時に水が不足している地域でもある。ランキンサイクルを用いた CSP の発電において熱効率を高めるためには，コンデンサで十分に冷却されなければならない。1989〜1997 年にかけての SEGS Ⅲ〜Ⅶプラントにおける水の使用量は $3.4\,\mathrm{m^3/MWh}$ で，水の全使用量の 90％以上が冷却のために使われている[33]。現在，冷却水の量は $2〜3\,\mathrm{m^3/kWh}$ と当時よりもさらに低減されている。しかし，CSP が設置されるのは主として乾燥地帯であり，農業用水や飲料水とも競合するために，水の確保は容易ではない。このため，空冷式のコンデンサの使用や極端に水の消費を減らした冷却システムの開発が行われている。

図 3.13 は，SEGS Ⅵプラントにおいて，夏季の最も日射条件が良い日における太陽の直達日射量（DNI）の変化と，コレクタの効率ならびに太陽光から発電までの効率の推移を測定した結果である[34]。DNI は午前 6 時前から立ち上がり，7 時にかけて急増し，ピークには $1\,\mathrm{kW/m^2}$ を超えており，その後減少に転じる。しかし，発電が開始されるのは 7 時過ぎと，DNI の変化と比べて 1

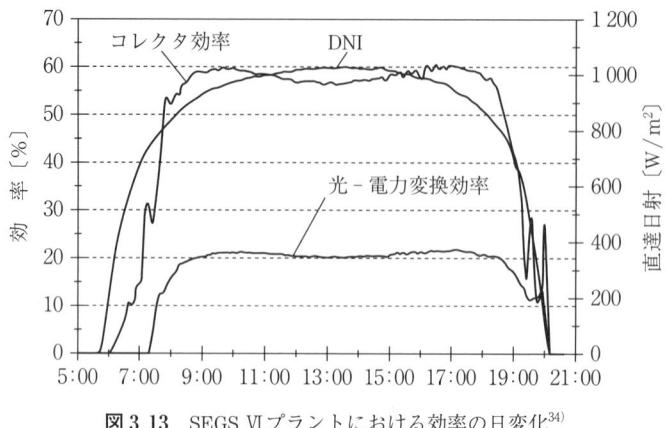

図3.13 SEGS VIプラントにおける効率の日変化[34]

時間30分ほどの遅れがある。また，DNIがゼロとなるのは20時頃であるが，発電もほぼそれと同じ時間にゼロとなっている。ソーラフィールドの効率が約60％，また太陽から電力への変換効率は20％以上と，比較的高い効率を示している。現在まで，太陽から電力への変換効率は24％が最高値だったとのことである。なお，最新型のプラントでは，効率はさらに向上している。

図3.13に示した効率の日変化は，夏季の日射条件が良い場合であって，太陽の高度とDNIが低い冬季には効率は低下し，発電量も減少する。冬季におけるDNIは夏季に比較してピーク値で約20～30％少なく，また，日照時間も短い。このような状況では，プラントに組み込んだボイラを利用して出力を維持する。

図3.14はSEGSの冬季および夏季の運転における太陽熱と天然ガスボイラの稼動状況を示す。冬季には30 MWの定格運転を行うために，太陽エネルギーの不足分を一日中ボイラによって補っている。一方，夏季には定格運転を行う以上に太陽エネルギーが得られるため，ボイラは日没以降の運転用に使用しているだけである。

日々のCSPの運転においては，PTCが最初に太陽の光を受けてから発電までに45～90分ほどかかる。夏場は日射が強いため，45分で運転が可能であるが，日射が弱い冬場には90分程度が必要である。しかし，ひとたび運転が

3.1 パラボラ・トラフ型 CSP　　57

（a）冬季の運転モード　　　　（b）夏季の運転モード

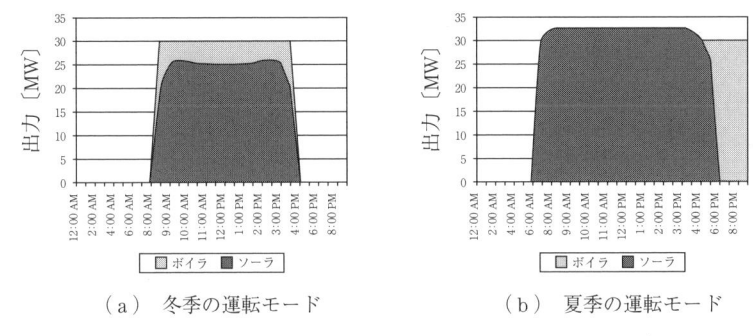

図 3.14　SEGS プラントにおける冬季と夏季の運転モード[34]

開始されると出力は急上昇し，わずかの間に定格まで持っていけるとのことである。

3.1.5　パラボラ・トラフ型 CSP の高効率化

　パラボラ・トラフ型 CSP では，熱媒体の温度が高々 400℃で運転されており，蒸気温度はそれよりも 10 〜 15℃程度低い。このように比較的低い温度で運転される理由は，熱媒体として用いている合成油の耐熱温度により，上限温度が制限されているためである。PTC の熱バランスから考えると，熱媒体の温度は 500 〜 550℃までは上昇可能である。ランキンサイクル効率の向上のためには，蒸気温度を上昇させる必要がある。このためには合成油と比較して，より高温で使用可能な熱媒体を使用する必要がある。

　現在，世界では主として二通りの高温化方法が検討されている。一つは熱媒体として水を使い，コレクタで直接蒸気を作る方法である。これを DSG（direct steam generation）システムと呼んでいる。もう一つは 560℃程度まで使用可能な硝酸塩系の溶融塩を熱媒体とするものである。以下，これらの二つのシステムについて簡単に説明する。

　〔1〕**DSG システム**　　DSG システムを導入すると，蒸気条件が向上してランキンサイクル効率が高くなるとともに，PTC で直接蒸気を製造するため，図 3.15 に示すように，蒸気製造のための熱交換器が不要になる。このため，

58   3. CSP の 技 術

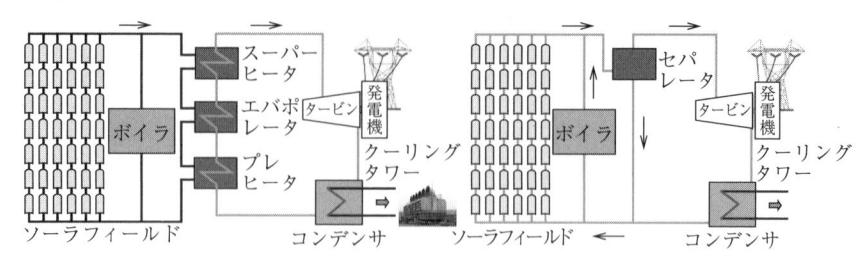

(a) SEGS 型パラボラ・トラフ CSP　　　(b) DSG プラント

図 3.15　SEGS 型パラボラ・トラフ CSP と DSG プラントとの比較

設備は大幅に簡略化され，設備費は2割程度低下するといわれている。その結果，発電コストも低下する。DSG システムは主としてドイツとスペインを中心に開発が進められてきた[35]。

DSG システムは古くから考えられてきたが，2010年になってようやく最初のプラントが建設され始めた。このように，着想から開発までに長い開発期間を要したのは，一つには太陽熱によって水がレシーバ内で液相から気相へと移行する過程，すなわち気液二相流に関する問題の解決に時間を要したためである。

気液二相流のある流動条件では，レシーバのステンレス管の下側が液相となり，その上が気相となって流れる。このような条件下で，PTC のアパチャが上向きならば，図 3.16（a）に示すように，熱伝達率が高い液相部分に集光

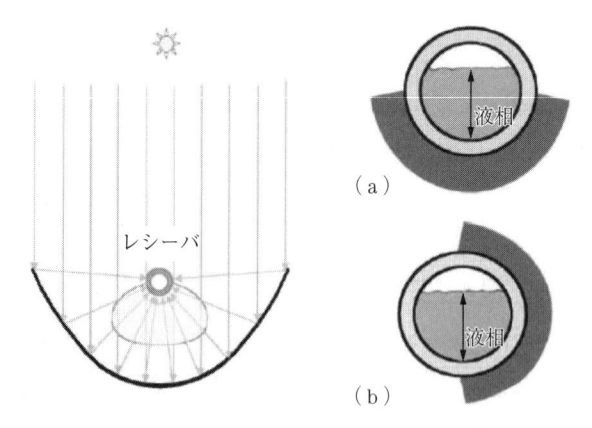

図 3.16　DSG システムにおける気液二相流界面への反射光フラックスの影響

太陽光が当たり，レシーバのステンレス管に大きな負荷はかからない。しかし，朝夕のPTCが横向きになる場合には，レシーバも反射鏡と一体で太陽を追尾するため，気液の界面に集光太陽光が当たる場合がある（図（b））。この条件下では，液相と気相とでは熱伝達率が大きく異なるため，界面付近のステンレス材料に大きな応力が生じ，割れなどが生じた。現在は，このような割れが起きにくい材料を使用し，なおかつレシーバの内壁が液相で全面に濡れるような流動条件になるよう流速の制御などが行われている。もっともレシーバ内の流体の制御に関しては，太陽エネルギーが経時的に一定であることが少ないため，流動制御に関してもいまだ開発に時間を要している。

DSGシステムにすることにより，ステンレス管内の蒸気圧力が高くなり，レシーバには肉厚のチューブが採用されるようになった。また，運転温度が上昇したため，高温まで使用可能な選択吸収膜がステンレス管表面に形成されている。なお，熱媒体の分解に起因する水素発生の問題はなくなると考えられることから，レシーバのハイドロジェンゲッターは不要になる。

DSGシステムの場合，蓄熱システムには合成油を熱媒体としたのと同様な溶融塩のほか，コンクリートのような固体蓄熱と相変化材料を用いた蓄熱システムの組合せが用いられる。

〔2〕 **溶 融 塩** 硝酸塩系溶融塩を熱媒体とした場合，熱媒体の最高温度は550℃程度まで上げることができるため，蒸気温度もそれに近い温度の過熱蒸気が得られる。それとともに本システムでは熱媒体を直接蓄熱媒体としても利用可能であるため，**図3.17**に示すように簡単な設備構成となり，高効率で比較的低コストの蓄熱システムを備えたプラントが建設可能である。このような溶融塩を用いたシステムを開発しているのは，主として米国とイタリアである。イタリアではシチリア島に5MWeのアルキメデ（Archimede）と呼ばれるプラントがすでに稼動している[36]。なお，本プラントの名前の由来は，アルキメデスであり，ローマ軍のシラクサ包囲戦に対抗して使用したとされる，太陽光反射鏡の故事に由来している（ティータイム参照）。

硝酸塩系の溶融塩を熱媒体とする場合の最大の問題点は，その融点が高いこ

3. CSPの技術

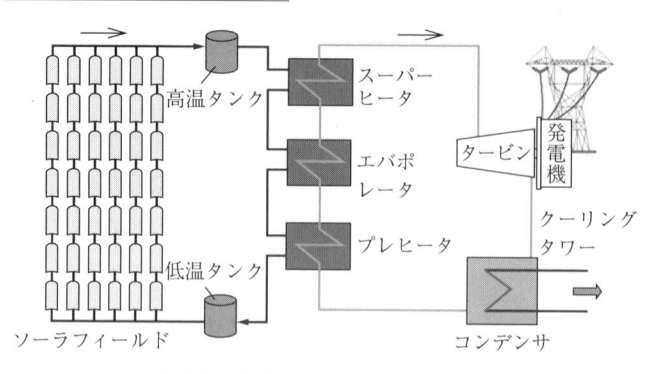

図3.17 溶融塩を熱媒体としたパラボラ・トラフ型CSP

とである。CSPの熱媒体として一般に用いられる溶融塩は，硝酸ナトリウムと硝酸カリウムの2成分系であり，その融点は220℃程度である。使用する際には溶融塩の固化を防ぐために，セーフティマージンも含め，融点よりもつねに40～50℃高く維持される。したがって，太陽光が当たらない条件下では，必要に応じて加温する必要がある。このような状況を打開するため，米国ではSandia国立研究所を中心として，低融点の硝酸塩系溶融塩の開発が進められている。硝酸リチウムなどを加えた3成分系，4成分系の溶融塩で，すでに70℃以下の融点を達成している[37), 38)]。今後は，コスト，粘度，安定性などの観点で最適な溶融塩が選び出されると見込まれる。

そのほかにも溶融塩を熱媒体として使用する場合には，配管系の腐食対策が必要である。特に，コレクタとともに回転するレシーバと地上の固定配管との間にはフレキシブルジョイントが必要であるが，そのような継手は，すべて耐食性が要求される。また，配管系の保温材とヒータも必須である。

――― ティータイム ―――

アルキメデスの反射鏡

偉大な数学者であるアルキメデスは，**図**のように，放物面鏡を用いてローマの軍船を焼き払ったとの伝説が残っている。ハンニバルの時代，カルタゴが地中海西部を，ギリシャが東部を支配していた。ローマは地中海の覇権を狙って徐々に進行を始めていた。起源212年ころの第二次ポエニ戦役において，シチリア島のシラクサがローマの軍船に囲まれた際，アルキメデスは多数の青銅製

図

の放物面鏡で太陽光を反射し，ローマ軍船を焼き払おうとした．これは有名な話ではあるが，史実かどうかはかなり疑わしい．

この話を実証する試みは幾度か行われたらしく，マサチューセッツ工科大学のグループもその一つである．聞くところによると，多数の小型の反射鏡と木製の船のモックアップを使って実験を行い，日射が十分にあると船が燃え上がったとのことである．ただし，反射鏡とモックアップとは数メートルしか離れてなく，しかも船は動かない条件においてである．また，当時使われた青銅鏡ではなく，ガラスの反射鏡を使用したとのことである．太陽の追尾装置については，数学者であるとともに偉大な技術者であったアルキメデスであるから，何かしらすぐれた機構を発明していたのかもしれない．

実際の戦場では船は固定されているわけではなく，しかも距離はずっと離れている．したがって，船の同じ個所に光を集光し続けるのはなかなか難しい．また，絶えず変化する太陽を追いかけながら反射鏡を動かし，ある一定の方向に反射させる技術は高度である．しかも，戦場で多くの兵士がすべての反射鏡の反射光を一点に集光するのは，きわめて困難であると思われる．さらに，青銅鏡を放物面形状に高精度に，なおかつ平面を鏡面に加工する技術が当時どの程度あったのかはわからない．地形的にも問題が指摘されている．シラクサはシチリア島の東にあり，東側に向かって海に面している．したがって，反射鏡による攻撃が行われたとしても午前中だけである．このように，ちょっと考えただけでも否定的な面ばかり浮かんでしまう．

アルキメデスの反射鏡の話は史実かどうかはさておき，偉大な数学者であり技術者であるアルキメデスにふさわしいエピソードである．

以上のように，熱媒体を変更することにより，パラボラ・トラフ型CSPの高温化が進行している。しかし，これらの水や溶融塩は，CSPに用いられる熱媒体としての要求特性をすべて満たしているわけではない。熱媒体としては，つぎのような要求性能を満足するものが理想である。

・使用可能上限温度が高いこと
・蒸気圧が低いこと
・低粘度・高流動性
・比熱が高いこと
・蓄熱性
・熱・酸化安定性が高いこと
・使用条件下で相変化をしないこと
・腐食性が低いこと
・低コスト
・安全性が高いこと
・漏洩しても環境に与える影響が小さいこと

3.1.6 パラボラ・トラフ型プラントの応用

これまでは，PTCで集熱し，それによって製造した蒸気を用い，直接蒸気タービンで発電するシステムについて説明してきた。しかし，現時点では太陽エネルギーを中心にして発電するには既存の化石燃料による発電よりも設備費が高く，発電コストもそれに応じて高くなる。したがって，将来，設備費が低下するまでは，政策による支援がない限り急速なCSP普及は困難である。このような状況のもと，特に電力不足からベースロードを必要とする地域には，つぎに示すISCCが有効である。

ISCC（integrated solar combined cycle）は図3.18に示すように，既存のガスタービンコンバインドサイクルに太陽熱のシステムを組み合わせたものである[28]。図はPTCの熱で給水加熱するケース（オプションA）と，PTCで製造した蒸気を直接蒸気タービンに導入するケース（オプションB）とを示してい

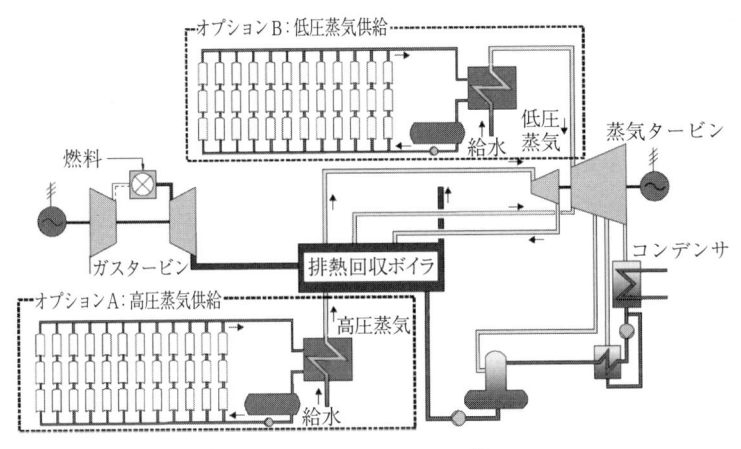

図 3.18 ISCC プラント[28]

る。このほか，PTC で製造した蒸気を廃熱回収ボイラでさらに過熱し，蒸気タービンへ送ることも有力なオプションである。

単純な CSP プラントと比較しての ISCC のメリットとしては，以下の項目が挙げられる。

- 1日を通した安定した電力供給が可能
- CSP 単独の場合よりも発電系の規模が大きく，相対的にコストが低下
- 蓄熱システムが不要
- 蒸気タービンは常時稼動されており，通常の CSP プラントのスタートアップに要する時間が省略されるため，年間の太陽光-発電効率が向上
- 運転の開始と停止の回数が減少し，蒸気タービンなどへの繰返し応力が大幅に低減

一方，通常のコンバインドサイクルを ISCC 化することにより，以下のメリットが生じる。

- 日中は気温上昇によりガスタービンの出力低下が起きるが，それを太陽熱で補うことが可能
- ガスタービンの燃料消費量の削減
- CO_2 排出量が低下

ISCC は安定した電力供給が可能であることから，特にベースロードを必要とする地域への設置が進んでいる。世界銀行とその資金を活用する GEF（Global Environment Facility，地球環境ファシリティ）は北アフリカ地域などで ISCC プラントの建設を進めてきた。2010 年末までにモロッコの Ain Beni Mathar にあるプラントではすでに稼働を始め，アルジェリアの Hassi R'Mel，エジプトの Kuraymat などで建設されている。そのほか，イランには世界最初の ISCC プラントが稼働中であり，カリフォルニアでも 2011 年初頭に最初のプラントが完成している。

3.1.7 パラボラ・トラフ型 CSP の投資コスト

パラボラ・トラフ型 CSP プラントの投資コストの内訳については，公表されているデータは少ない。図 3.19 は，2005 年にドイツ航空宇宙センター（DLR）が発表した通称 ECOSTAR と呼ばれるロードマップに示されている Andasol タイプの 50 MW プラントの投資コストの内訳である[7]。本プラントのアパチャ面積の合計は，蓄熱時間を3時間としているため，蓄熱を想定しない場合の 1.4 倍（SM1.4）となっている。

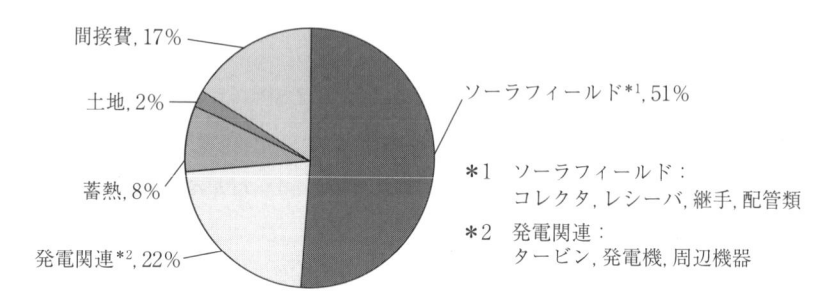

間接費, 17%
土地, 2%
蓄熱, 8%
発電関連*2, 22%
ソーラフィールド*1, 51%

*1 ソーラフィールド：
   コレクタ, レシーバ, 継手, 配管類
*2 発電関連：
   タービン, 発電機, 周辺機器

図 3.19 Andasol タイプ 50 MW プラント（蓄熱：3時間）の投資コスト内訳[7]

総投資コストのなかでソーラフィールドが占める割合は，51%にも達している。したがって，PTC の高性能化と低コスト化がプラントコストの低減に大きく影響することは明らかである。また，DNI が設備の投資コストに及ぼす影響も大きい。

ソーラフィールドのつぎに多いのが発電関連の22％，蓄熱システムの8％となっている。蓄熱時間が長くなると，比例してソーラフィールドのコストも増加するため，相対的に発電関連の割合が低下することになる。

CSPプラントの設備費はプラントの規模によっても大きく変化し，プラントの規模が倍になると，投資コストは12～14％減少するといわれている[28]。

3.2 リニア・フレネル型CSP

リニア・フレネル型コレクタは，多数の細長い反射鏡を用い，反射鏡上部に固定されているレシーバに向かって太陽光を反射して集光する構造である。同じ線集光型であるPTCと比較すると，LFCは集光効率が劣るものの，設備費はPTCの50～60％程度といわれている。また，風に強く，土地利用率もPTCの倍以上と高いため，土地面積を基準にすると，集光・集熱効率はPTCよりも高くなる可能性がある。したがってLFCは，今後CSPの発電コストの大幅な低下に寄与する技術の一つとして捉えられている。

3.2.1 リニア・フレネル型コレクタの構造

リニア・フレネル型コレクタ（LFC）の東西方向の断面構造を図3.20に示す。LFCは横幅が0.5～2m程度の細長い反射鏡（第一反射鏡）を平面状に南北方向に並べ，上部に固定されたレシーバへ向かって光を反射する構造である。各反射鏡はそれぞれ回転して太陽を追尾する。反射鏡はわずかに凹面となっており，レシーバ部分での反射光の広がりを抑制している。LFCは設計の自由度が高く，レシーバの高さ，コレクタ全体の幅，反射鏡の幅と形状，反射鏡の枚数，反射鏡間の隙間，レシーバの形状および第二反射鏡の有無などを変えることが可能である。したがって，アパチャと焦点距離が決まれば反射鏡断面形状が一義的に決まるPTCやパラボラ・ディッシュ型とは異なり，LFCではレシーバへ正しく集光するために最適な設計が必要である。

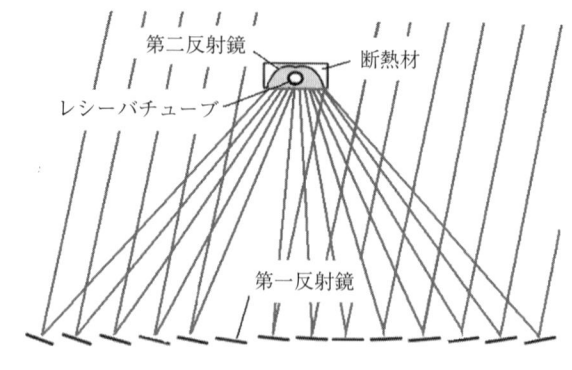

図3.20 リニア・フレネル型の東西方向の概略構造

〔1〕 **第一反射鏡**　LFCで使用する第一反射鏡の断面は，PTCのようにあらかじめ放物線断面に成形されたものではなく，平面鏡が用いられる。しかし，コレクタ上部に設置されたレシーバへ反射光を集光するため，あらかじめ凹面になるように加工した反射鏡のベースに接着して成形している。第一反射鏡の断面形状は放物線もしくは円弧となっている。円弧の場合には，その半径に比較して反射鏡の幅が十分に狭い場合，半径の1/2のところに反射光が集まる。これを近軸焦点と呼ぶ。いずれの曲線の場合も，焦点距離と比較して反射鏡の幅が狭いため，集光性能に顕著な差はない。

ところで，PTCやタワー型CSPで用いられるヘリオスタットでは，太陽光が反射鏡の法線に対して平行に入ることはなく，必ず法線に対してある角度で入射する。このような軸外入射の条件下で凹面鏡を用いた場合には，非点収差により反射光が1点に集光することはない。このため，レシーバ部分で反射光はある広がりを持ち，軸外入射のコレクタでは集光性能は必ずしも高くはない。

LFCの第一反射鏡は，地面に対して平行に並べられ，反射鏡の回転軸を中心に回転して太陽を追尾する。各反射鏡の傾き角度はレシーバからの水平距離によって変化し，隣接する反射鏡とは傾き角度が異なる。なお太陽の日周運動を追尾するため，反射鏡の角度は絶えず変化するが，各反射鏡の角度の変化量は反射鏡の位置に無関係に，太陽の移動角度の1/2だけ変化する。

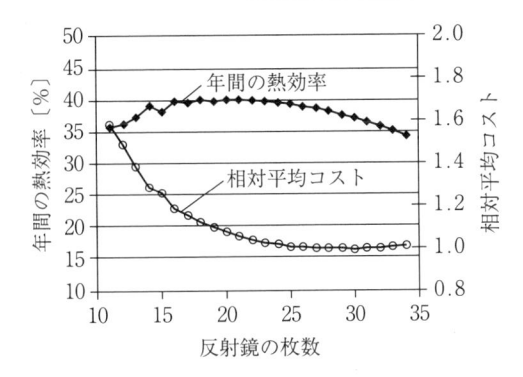

図 3.21 反射鏡の枚数が LFC の効率と相対平均発電コストに及ぼす影響[39]

　LFC に用いる第一反射鏡の枚数も集光性能を左右する。**図 3.21** は，反射鏡の枚数が年間の熱効率および相対平均コストに及ぼす影響を調べたシミュレーション計算結果である[39]。反射鏡の枚数が増加するにつれて熱効率は上昇するが，16〜22 枚で最大値となり，それ以上枚数を増やすと効率は逆に低下する。反射鏡の枚数増加による効率の上昇はレシーバへの入熱量の増加に伴うものであり，23 枚以降の低下は，反射鏡どうしの干渉（3.3 節で説明するシャドウイングやブロッキング）が増加するためと説明している。一方，相対平均コストは，枚数が増加するにつれて減少し，ほぼ 25〜30 枚で最小値となる。これらの結果から，検討した LFC では反射鏡の枚数が 25 枚の場合に最適になると結論付けている。なお，図 3.21 に示すシミュレーション計算結果は，最初にレシーバの高さ，反射鏡の幅，反射鏡の間隔，二次反射鏡の構造を決めて行ったものであり，あらゆる LFC に普遍的に成り立つものではない。

　反射鏡間の隙間は，3.3.3 項で説明するシャドウイングやブロッキング損失を軽減するために必要である。シャドウイングは LFC でも効率低下をきたす重要なファクタであり，適度な間隔をとるとともに，反射鏡裏面の構造もシャドウイングを最小にするような設計としている。

〔2〕**第二反射鏡およびレシーバ**　　ドイツの代表的な LFC の CSP のメーカである Solar Power Group 社のレシーバ部分の断面構造を**図 3.22** に示す[40]。

68   3. CSPの技術

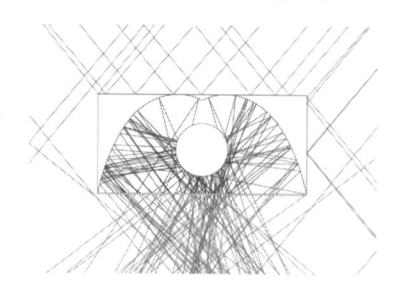

図3.22 レシーバの断面構造[40]

同じドイツのNovatec Solar社なども同様の形式のレシーバを用いている。このレシーバの特徴は，レシーバの上側に第二反射鏡が取り付けられていることである。これは，3.2.1項で説明した第一反射鏡の集光性能の低さを補うためである。第二反射鏡は，レシーバへ当たる光の量を可能な限り多くするため，二つの放物線を組み合わせた構造となっている。

図3.23にはレシーバ周りの光線追跡計算結果を示すが，下側の反射鏡からの光は直接レシーバに当たるだけではなく，第二反射鏡で反射されてレシーバへ当たっている。

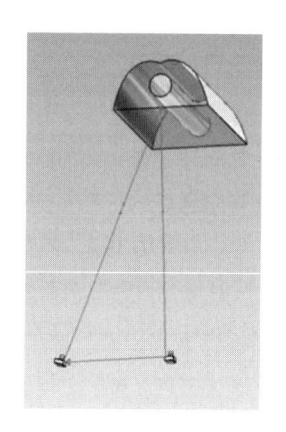

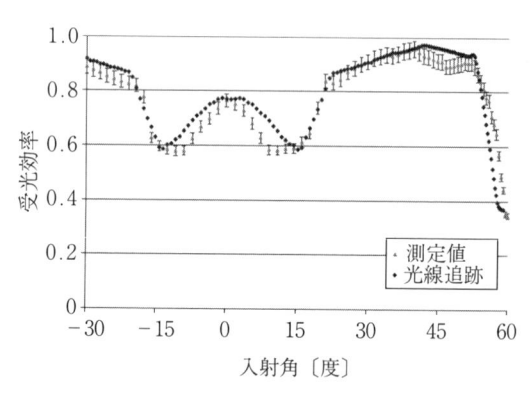

図3.23 第二反射鏡の受光効率に及ぼす入射角の影響[40]

図3.23に示すように，入射角によってレシーバの受光効率が大きく変化し，この設計では入射角60°以上の光は入射できない。この入射角は，下部にある反射鏡のアパチャ幅とレシーバの高さで決められるものであり，二つの放物

線の中心軸の角度を変えることにより，受光できる角度の範囲を変えることができる．

レシーバについてドイツのメーカでは，PTC と同じ真空二重管型を用いている Industrial Solar（旧 Mirrox）社のような例もあるが，そのほかは，真空二重管ではなく選択吸収膜を表面に形成したステンレス管を用いている．また，コレクタで，蒸気製造部分では真空二重管ではなく，選択吸収膜を形成したステンレス管のみを使用し，過熱蒸気を製造する部分にだけ真空二重管型を用いている Novatec Solar 社の Super Nova のような例もある[41]．LFC のレシーバでは，断熱性を高めるために受光部分を除き断熱材で覆っている．また，受光部分は透明なガラスもしくはプラスチックで覆っている．

一方，前述の CLFR のメーカである Ausra 社（現：Areva Solar 社）のレシーバは，図 3.24 に示すように下向きのキャビティ構造であるが，第二反射鏡は使用していない．同社のレシーバの特徴は，熱媒体が流れるステンレス管を複数平行に並べ，広がりを持つ反射光がいずれかのチューブに当たるように設計しているところである[41]．

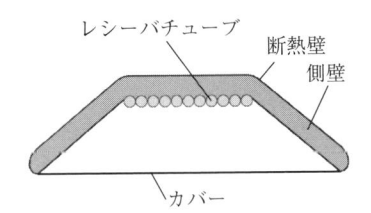

図 3.24 Ausra 社（現 Areva Solar 社）のレシーバ[42]

LFC では，熱媒体として水/水蒸気を用いる DSG システムが一般的である．LFC で PTC より早く DSG システムが実用化された理由は，LFC の場合にはレシーバがコレクタ上部に固定されており，図 3.25 のように大部分の反射光はつねにレシーバの下側に当たるためである．LFC では太陽の位置が変わっても，レシーバに当たるフラックスの分布はほとんど変化しない．したがって，気液二相流では液相がチューブの下部を流れるため，下側を中心に集光フラックスが当たる LFC では，PTC で問題となった気液界面に集光太陽光が当たる

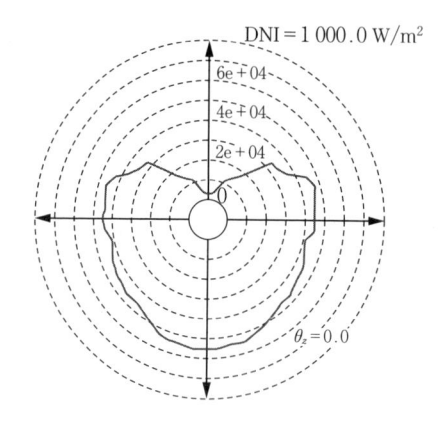

図3.25 リニア・フレネル型のレシーバへ当たる集光太陽光の強度分布[41]

ような状況を生じない。

3.2.2 LFC の集光特性

LFC も PTC と同じく線集光方式であり,その性能に及ぼす要因は共通するところが多い。ここでは,LFC 特有の要因について説明する。

集光性能に関して,LFC が PTC と比較して大きく異なる点は,集光効率が低いこととともに,その時間依存性が高いことにある。これは,そのコレクタ構造の差異に起因する。LFC は細長い反射鏡が南北方向に多数平行に並べられる構造で,なおかつ,レシーバはコレクタ上方に固定されている。太陽追尾を行う場合には,複数の反射鏡全体がその法線方向を太陽に一致させるわけではない。したがって,図3.26 に示すように,朝から夕方までの太陽の移動により,有効に機能する反射鏡の面積が異なることになる。これを定量的に表したのが3.1.3項で説明したIAM である。図3.11 には,PTC とともに Solar Power Group の Fresdemo コレクタの IAM が示されている。東西方向の IAM は PTC と異なり,太陽光の入射角が大きくなるにつれて減少しているのは明らかである。一方,南北方向の IAM については,PTC と比べて顕著な差異は認められない。

このような東西方向の IAM の変化は,当然ながら1日の発電量の経時変化に影響する。図3.27 は PTC と LFC について,3月21日と6月15日の朝から

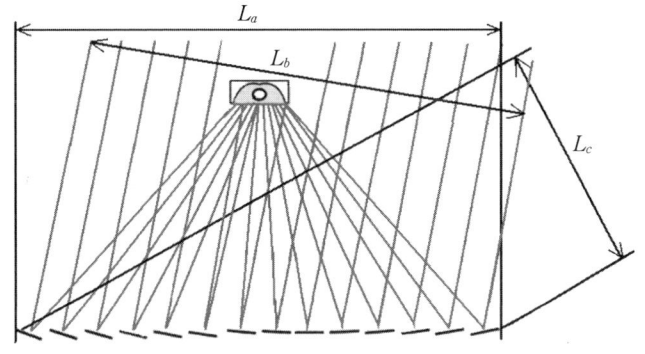

図 3.26 LFC の太陽入射角度による有効面積の変化

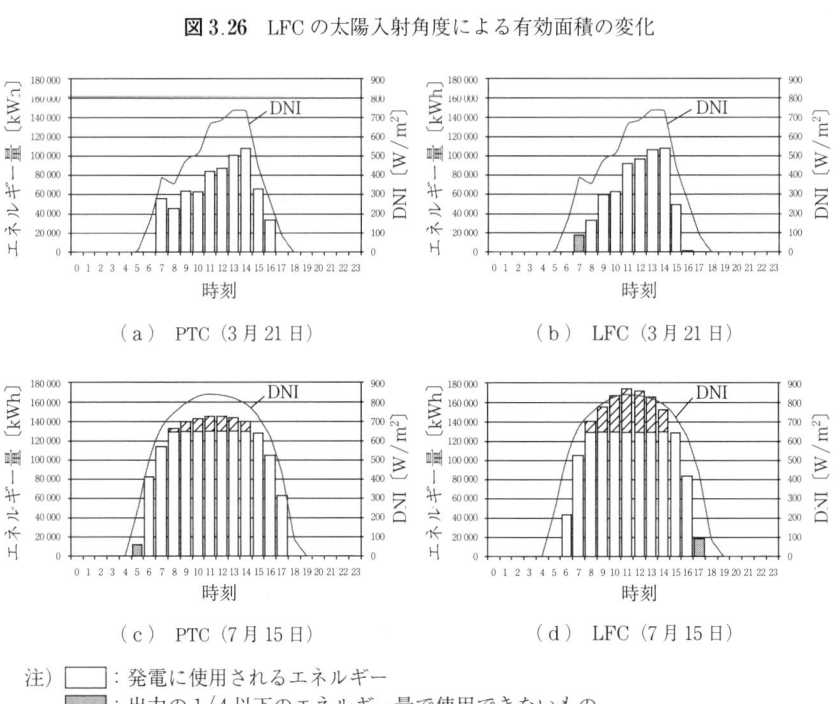

(a) PTC (3月21日)

(b) LFC (3月21日)

(c) PTC (7月15日)

(d) LFC (7月15日)

注) □：発電に使用されるエネルギー
　　■：出力の 1/4 以下のエネルギー量で使用できないもの
　　▨：発電容量以上のエネルギー量で使用できないもの

図 3.27 PTC と LFC コレクタの太陽エネルギー有効利用時間の差[43]

夕方にかけて，発電量の差異をシミュレーション計算した結果である[43]。なお，本計算では蓄熱システムは考慮されていない。また，計算上，入力エネルギー量が発電機定格の 1/4 以下であった場合には，使用できずに捨てている。

また，夏季に定格以上のエネルギー量が得られた場合も，過剰分の使用が不可能であるとしている。

LFCでは，発電はいずれの季節もPTCよりも1時間程度遅く始まり，1時間程度早く終了する。これは，上述した入射角が大きくなると，有効なアパチャ面積が減少することに起因する。一方，太陽高度が高い正中時前後では，獲得可能な太陽エネルギー量はLFCのほうがPTCよりも多い。これは，特に夏季において顕著である。この原因は，LFCのほうがアパチャ面積が広いためである。したがって夏の晴天時には，LFCのほうが多くの熱エネルギーの過剰が出ることになる。

LFCではこのような傾向を示すことから，利用できるエネルギー量を最大にするためにはCSPプラントを設置するサイトの緯度と年間のDNIの推移などを把握し，発電容量を適正に設定する必要がある。また，過剰な熱を利用した蓄熱システムの設置もきわめて有効である。

3.2.3 PTCとの比較によるLFCの優位性

上述のように，集光効率に関してはLFCのほうがPTCよりも劣っているが，以下に示すような多くの長所もある。すなわち

① コレクタの構造上，風の影響を受けにくい。このため，フレーム構造も簡単でコレクタの設備費は低い。
② 軽量コレクタであり，風の影響が小さいため設置場所の制限が少なく，建造物の屋上にも設置可能である。
③ 細長い反射鏡を利用し，風の影響が小さいことから，太陽追尾用駆動装置負荷がきわめて小さい。
④ 安価な平面鏡が利用可能である。
⑤ リフレクタ部分がほぼ平面であることにより，鏡面の洗浄が容易である。
　　⇒ 洗浄の自動化が容易である。低操業コスト。
⑥ 土地利用率が60〜80％で，CSPのなかで最も高い。
⑦ LFC下部の空間を農地や駐車場として利用可能である。

以上，①〜⑦のLFCの特徴のなかで，特にPTCと比較して優れている点は，①のフレームが軽量かつ低コストであるということと，⑥の土地の利用率が高いことである。

表3.1は，Novatec Biosol社のLFCとSolar Millennium社のPTCについて，単位アパチャ面積当りの重量を比較したものである。LFCの重量はPTCの20％あまりと圧倒的に低い。したがって，フレーム材料などコストは大幅に低くなる。また，反射鏡も軽いことから太陽追尾に要する電力消費量も少なくなる。

LFCの設備費はPTCの50〜60％程度といわれている。発電コストについては，発電ブロックが共通であることと，集光効率が低いことを考慮して，PTCに比較して20％程度低くなると見積もられている。

表3.1 アパチャ単位面積当りの重量[44]

コレクタのタイプ	単位面積当りの重量
LFC（Novatec Solar）	$28\ kg/m^2$
PTC（Andasol 1）	$135\ kg/m^2$

土地の利用率に関しても，LFCはPTCよりも優位に立つ。ここで，土地利用率は，コレクタの総アパチャ面積とそれを設置する土地面積との比と定義する。**図3.28**は，LFCとPTCとの比較である。LFCの写真には，コレクタが1列しかないが，仮に複数のコレクタを設置する際には，メンテナンスに要する比較的狭いスペースを挟んで設置が可能である。LFCの土地利用率は，60〜

（a）LFC　　　　　　　　　　（b）PTC

図3.28　LFCとPTCとの土地利用率の比較[45]

80％にも達する。これに対してPTCでは，土地の面積に対して高々30％の土地利用率である。

図3.29は，DNIの変化と同じ土地面積におけるPTCとLFCによって得られる太陽熱エネルギー量の差異を示している[44]。LFCは，PTCと比較して集光効率が20～30％劣るものの，土地利用率が圧倒的に高いため，同じ土地面積で比較すると，得られる熱エネルギーはLFCのほうが2倍以上となっている。この2種類のコレクタ性能の差異は，発電効率の考え方にも影響する。

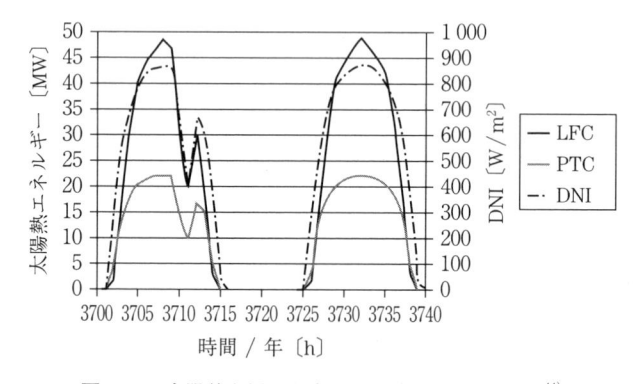

図3.29 太陽熱利用に関するLFCとPTCとの差異[44]

一般に発電効率は，アパチャ面に受ける太陽エネルギーの量をもとに計算される。すなわち

$$発電効率 = \frac{発電量}{アパチャ面に入る太陽エネルギー量}$$

この発電効率の定義（アパチャ基準発電効率）を用いる場合は，集光効率が低いLFCの発電効率は低くなる。この定義は，物理的に意味があるものであり，土地のコストが無視できる場合は，これが有用である。しかし，プラント建設において土地のコストが無視できない場合には，土地面積に受ける太陽エネルギーに対して，どれだけの電力が得られるかといった定義のほうが重要ではないかと考えられる。これはいわば，ある土地面積に照射される太陽エネルギー量を基準とした発電効率である。このような土地基準発電効率を考えるならば，土地利用率が高いLFCの発電効率は，相対的に上昇することになる。

表 3.2 は代表的な CSP 技術に関して，アパチャ面積基準での発電効率と土地面積基準での発電効率を比較したものである[9]。なお，本表の発電効率は，空冷コンデンサを使用する前提となっている。アパチャ基準の効率は PTC とタワー型とがほぼ同じ，集光効率が低い LFC は低くなっている。ただし，タワー型については稼動温度の上昇により，効率は向上する可能性がある。また，LFC についても稼動温度の上昇が図られており，効率は今後上がる可能性がある。土地面積基準の発電効率は次式で求めている。

土地面積基準発電効率 =（アパチャ基準）発電効率 × 土地利用率

表 3.2 CSP の発電効率の比較[9]

	発電技術	アパチャ基準発電効率 [%]	土地利用率 [%]	土地基準発電効率 [%]
PTC	ランキンサイクル	11 ～ 16	25 ～ 40	3.5 ～ 5.6
タワー型	ランキンサイクル	12 ～ 16	20 ～ 25	2.5 ～ 4.0
LFC	ランキンサイクル	8 ～ 12	60 ～ 80	4.8 ～ 9.6

注）ランキンサイクルは空冷コンデンサを使用

これら三つの技術の土地利用率が大きく異なることから，土地面積基準発電効率はアパチャ面積基準発電効率とは順序が異なる。アパチャ基準で最も発電効率が低い PTC は，土地利用率が 60 ～ 80% と高いため，土地面積基準発電効率は，PTC やタワー型よりも高くなっている。もっとも，タワー型の場合，メーカによっては著しく土地利用率を高めた例もある。また，発電効率自体，今後の稼動温度の高温化などにより上昇する可能性もあり，表 3.2 は普遍的なものではない。

LFC は，集光・集熱効率がほかの形式よりも劣るため，必ずしも高温の過熱蒸気を製造するような用途にはあまり向いていない。これは，メーカが一般にレシーバに高価な真空二重管方式を採用せずに，低コスト化を図る傾向にあることもその一因となっている。しかし，軽量であるため，屋上に置くなど設置場所の自由度が高く，設備費が低く，しかも狭い面積でも多くの熱量が得られることから，それほど高温が必要ではないプロセスへの蒸気供給などには最適なシステムである。このため，LFC の応用としては，単純な工場への蒸気

供給のほか，吸収式冷凍機の熱源など多くの用途が考えられる。日本では DNI が比較的低く，しかも土地価格が非常に高いことから，CSP の設置には向いていない。しかし，LFC や小型の PTC を用いるプロセスヒートの供給のような用途は，可能性が高いと思われる。

　LFC の特徴として，コレクタの下部には比較的広い空間が生じる。これを利用した花卉，農作物栽培が考えられている（**図 3.30**）。サンベルトでは日射が強すぎるために，農作物の栽培ができない。LFC のコレクタを設置すると，その下の日射量が適度に抑えられ，作物栽培に適する耕作地へと転換することができる。日射量を抑制することにより，水の蒸発量も低下することが可能で，貴重な水の消費量も減少するという。

図 3.30　LFC コレクタの二次利用の例[44)]

3.3　タワー型 CSP

3.3.1　タワー型 CSP の構成

　タワー型 CSP は，CRS（central receiver system）もしくは power tower と呼ばれ，高いタワーの周りに配置した多数のヘリオスタットで反射した太陽光をタワー上部のレシーバに集めて熱へと変換する。ここで，ヘリオスタットとは，太陽を 2 軸で追尾しながら，ある一定の方向に光を反射する装置である。小さいレシーバに対して多数のヘリオスタットを使用することで集光度を上げ

ることが可能である。

図 3.31 は，スペインの Abengoa Solar 社が同国南部のセビリア近郊に建設した PS10 と呼ばれるタワー型プラントである[46]。写真の右上にあるタワーに対して，ヘリオスタットは北側にうちわの形状に広がっている。写真に見えるたくさんの小さな白い点がヘリオスタットである。

PS10 で使用されているヘリオスタットは**図 3.32** に示すもので，一つのヘリオスタットの反射鏡面積は 121 m^2 あり，これが全部で 624 台使用されている。PS10 は，タワーの高さがレシーバ中心まで 100 m，タワーから最も遠いヘリオスタットまでの水平距離は 800 m 以上もある。図 3.31 では広い土地の中にヘリオスタットが間隔をあけて設置してあり，土地利用率は 20% 以下である。

図 3.31　Abengoa Solar 社の PS10（スペインのセビリア近郊）[46]

図 3.32　PS10 の Sanlúcar120 ヘリオスタット[46]

3.3.2 ヘリオスタット

〔1〕 **ヘリオスタットの構造**　ヘリオスタットは，遠く離れたレシーバのアパチャに向かって太陽光を反射させる装置であるため，その性能がプラント全体の性能に大きく影響を及ぼす。一方で，タワー型プラントには多数のヘリオスタットが必要であり，全体のコストのなかにおけるヘリオスタットのコストのシェアは 40～50% にも達するといわれている[7]。したがって，ヘリオスタットは高精度と低コスト化という，相反する要求をクリアする必要がある。

一般的なヘリオスタットの構造は**図 3.33** に示すように，地面に鉛直な支柱の上に 2 軸の太陽追尾が可能な駆動装置を取り付け，それにトルクチューブが水平に取り付けられている。トルクチューブには反射鏡用のフレームが取り付けられる。太陽の日周方向の動きは，ヘリオスタットの支柱を中心にした回転（方位角，azimuth）で与えられる。一方，太陽の高度方向（elevation）については，トルクチューブを回転させて追随する。したがって，このようなヘリオスタットのマウント構造を Az-El 方式と呼んでいる。このほか，ヘリオスタットのマウント方式には，天体望遠鏡と同様に赤道式を用いる場合もある。これは，日周運動の回転軸（極軸）を設置場所の緯度と同じだけ傾け，地軸と平行にすることにより，太陽の日周運動での追尾を容易にするものである。また，季節による太陽高度の変動は Az-El 方式と同様に，ヘリオスタットのトルク

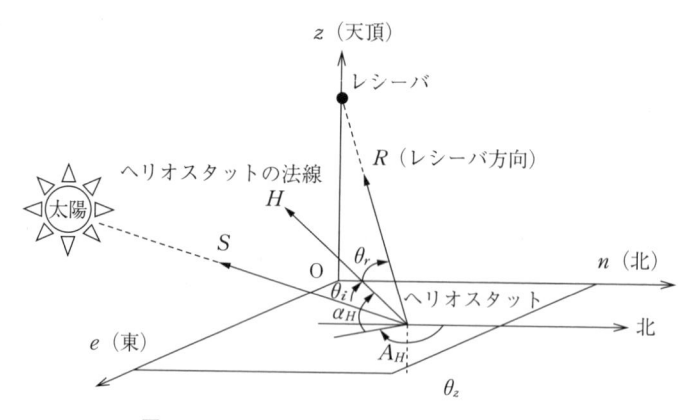

図 3.33　ヘリオスタットの太陽追尾の考え方

チューブの回転で与える。ただし，ヘリオスタットでこの方式を採用する場合，極軸の回転の経時変化が線形となるのは，北半球のプラントではタワーに対して真北にある場合だけであり，他の方向に設置した場合には，極軸の回転に線形性は失われる。

ヘリオスタットは一般に，Az-El 方式を採用している。その理由は，赤道式の場合には設置場所の緯度によって極軸の傾きを変える必要があり，同一機種の大量生産には向かないこと，また，反射鏡のフレームの重心と支柱の中心との距離が Az-El 方式より長く，マウント，支柱およびその基礎部分へのモーメント荷重が増大すること，さらに，タワーとヘリオスタットの相対位置関係により，反射鏡のフレームと回転軸との取付けに支障を生じる場合があるためである。一方，Az-El は，支柱の上に水平軸が取り付けられた"T 型"であり，赤道式で述べたような制限はない。しかし，後述するように，Az および El 軸の回転の経時変化に対する日変動，季節変動が赤道式よりも大きく，タワーとの相対位置によってこれが拡大される。その結果として，センサ制御方式の使用が比較的困難であり，モータの負荷と電力消費も大きくなる。

〔2〕 **ヘリオスタットの太陽追尾** ヘリオスタットで太陽追尾をするには，コンピュータ制御で Az 軸，El 軸を回転させるのが一般的である。コンピュータ制御による太陽追尾の考え方は，すでに前章において説明した。しかし，ヘリオスタットの場合には，単純にその法線を太陽方向に向けただけでは追尾はできない。これは，ヘリオスタットから見て，図 3.33 に示したように，太陽の向きとレシーバの向きが一致することはないからである。

また，ヘリオスタットの太陽追尾を複雑にしているのは，入射光の向き，すなわちヘリオスタットから見た太陽の位置は，絶えず変化しているが，レシーバへの反射光の向きはつねに一定のためである。それゆえヘリオスタットの法線ベクトルは，図 3.33 に示したようにヘリオスタットの回転中心を起点として，太陽の中心に向かうベクトルとレシーバに向かうベクトルの中間にあればよいことになる。したがって，ヘリオスタットの法線ベクトルは，ヘリオスタットから太陽への単位ベクトルと，レシーバへの単位ベクトルのベクトル和

を計算すればよい。これに対して，太陽の軌道より求めたプラント設置位置での太陽位置の時間変化を入れれば，ヘリオスタットの太陽追尾の計算は可能である。なお，ヘリオスタットへの太陽からの入射角，言い換えればレシーバへの反射角は，ヘリオスタットから太陽へ向かうベクトルとレシーバへ向かうベクトルのスカラー積の半分の値をとることになる。

ヘリオスタットの太陽追尾において，Az 軸および El 軸の回転の日変化は，太陽，レシーバとヘリオスタットとの位置関係で大きく影響を受ける。また，日変化の傾向は季節によっても変化する。図 3.34 ～ 3.36 は，北半球の北緯 35°におけるタワー型プラントを想定し，タワーの真北，真東，真南にあるヘリオスタットの軸回転の 1 日の経時変化を，春分，夏至，秋分，冬至それぞれの日について計算したものである。なお，レシーバの高さは 100 m，タワーからヘリオスタットまでの水平距離は，それぞれ 150 m としている。

Az–El ヘリオスタットの軸の回転には線形性はなく，非線形性はタワーに対して真北に設置したヘリオスタットよりも真東，さらには，真南方向に設置したほうが顕著になる。また，軸回転の日変化は季節によってもその傾向は変わる。このような軸回転の状況から，ヘリオスタットの太陽追尾は，センサ制御よりもコンピュータ制御方式のほうが適している。また，図 3.36（a）に示す真南に置かれたヘリオスタットの Az 軸では，冬至において短時間に大きな回転量が生じている。このような状況では回転軸の角速度，角加速度が大きく変化することになり，駆動に要する電力消費はヘリオスタットの設置位置や季節によって変動することになる。

〔3〕反射鏡　ヘリオスタットの反射鏡は，一般に，裏面に補強材を取り付けた反射鏡モジュール（ファセット）をトルクチューブに固定されたコレクタフレームに取り付ける構造である。反射鏡は，小型のヘリオスタットの場合には大きな 1 枚ものの反射鏡を用いることもあるが，大型のヘリオスタットでは図 3.32 のように，複数のファセットに分割されている。このように分割されている理由は，大型の 1 枚ものの反射鏡が入手困難なこともあるが，反射光がレシーバにおいて広がるのを可能な限り抑制するためである。また，そ

3.3 タワー型 CSP

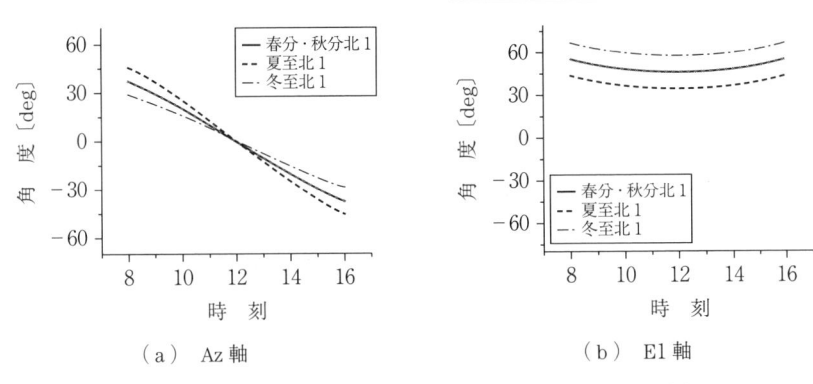

(a) Az軸

(b) El軸

図 3.34 Az-El ヘリオスタットの回転軸の日変化（真北方向）

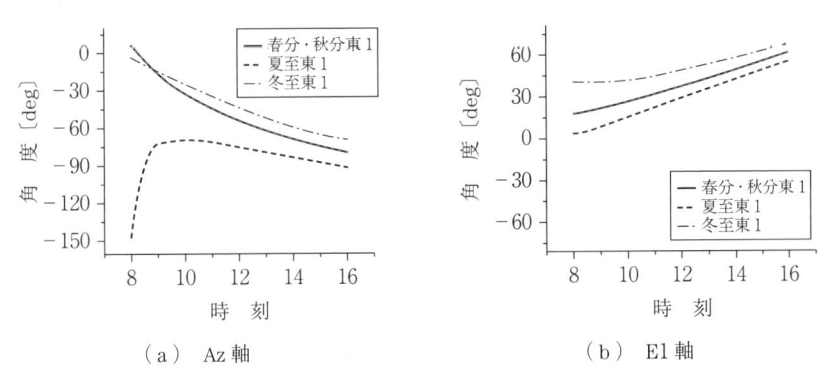

(a) Az軸

(b) El軸

図 3.35 Az-El ヘリオスタットの回転軸の日変化（真東方向）

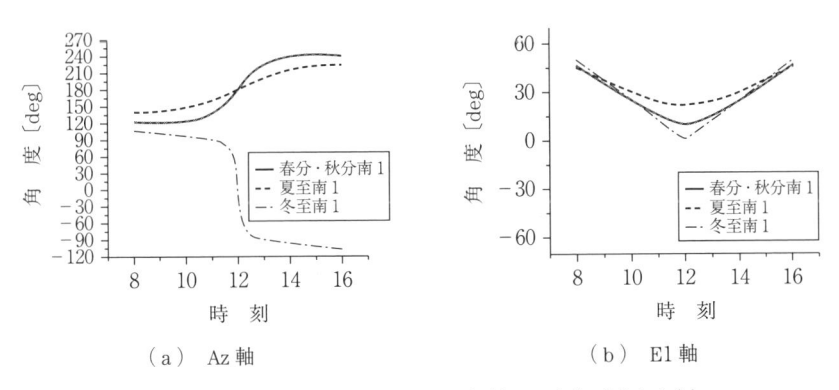

(a) Az軸

(b) El軸

図 3.36 Az-El ヘリオスタットの回転軸の日変化（真南方向）

れぞれのファセットも凹面としていることが多い。

ヘリオスタットの反射鏡の構造と，レシーバ上における反射光の広がりの概念を**図**3.37に示す。ヘリオスタットからの反射光は，太陽が見かけの大きさを持つため，距離が離れるほど広がりは拡大する。図（a）に示すように，反射鏡が平面の場合には，平面鏡の幅に加えて太陽の大きさに基づく反射光の広がりと各種の誤差の影響が加わり，アパチャ部分の太陽像は大きくなる。図（b）に示すように，凹面鏡を使用してアパチャ表面に結像させることも行われている。しかし，この場合にも太陽の大きさと各種誤差の影響は残る。また，リニア・フレネルの項で説明したように，反射鏡の中心軸に対して斜めに太陽光が入射する場合には，収差のためにアパチャ面で1点に結像することはなく，厳密にいえば，ある広がりを持つことになる。

（a）平面反射鏡

（b）凹面反射鏡

（c）複数平面反射鏡＋カンティング

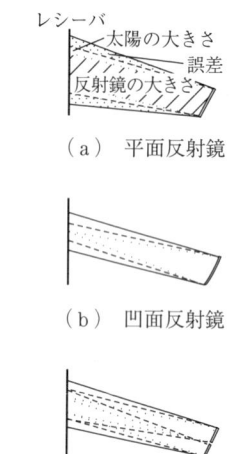

図 3.37　ヘリオスタット反射鏡の構造と反射光の広がり

複数ファセットに分割されているヘリオスタットでは，図（c）に示すようにそれぞれのファセットをコレクタ平面に対して，わずかに傾け，アパチャの同じ場所に太陽光を反射させる構造となっている。このような構造をカンティング（canting）と呼んでいる。それぞれのファセットをカンティングするとともに，各ファセットの反射鏡も凹面とする場合もある。図（c）から明らか

なように，たとえ平面鏡でも，1枚のファセットよりも反射光の広がりは小さい。凹面鏡を用いた1枚のファセットのヘリオスタットが最も反射光の広がりは小さいが，大型のヘリオスタットの場合には，マルチファセットのヘリオスタットが最善である。なお，レシーバでの反射光の広がりを考えれば，ファセットの大きさは小さいほうが望ましいが，高コストになる。

〔4〕 **ヘリオスタットの要求性能**　ヘリオスタットの性能を論ずるには，タワー上部にあるレシーバとの関係を念頭に考えなければならない。ヘリオスタットからの反射光は，**図3.38**に示すようなガウス分布に近い強度分布となる。反射光の強度分布は，裾の部分がかなり広がってしまうが，そのすべてをアパチャに入れようとするとアパチャは大きくなり，放熱損失が増大することになる。

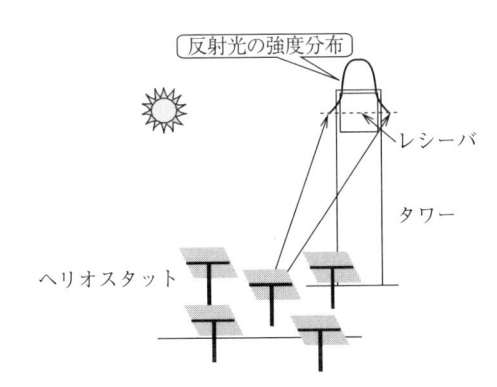

図3.38 ヘリオスタット反射光のレシーバ・アパチャ部分における強度分布

一般に，アパチャの幅は最大5％程度の反射光の漏れは許容するように設計される。逆に，ヘリオスタットはレシーバ・アパチャの幅に合わせた反射光を反射できる性能があればよい。

実際の運転中には多数のヘリオスタットの反射光が重なり合うことにより，分布の幅はさらに広がることになる。このような強度の広がりを持つ原因は，以下のように考えられる。すなわち

・太陽の大きさ
・ヘリオスタット反射鏡の粗さ・うねりや取付け誤差

- 太陽光の斜め入射による収差
- ヘリオスタットの追尾精度（ポインティング精度）
- ヘリオスタット・フレームの自重による変形
- 支柱の傾き
- 支柱とトルクチューブとの直交度
- ヘリオスタットの設置位置の誤差
- 風による変形

ポインティング誤差は，純粋にヘリオスタットの反射光の中心部の軌跡の変化を示すもので，つぎのような影響因子がある。
- モータ，減速機のバックラッシュなど駆動系による誤差
- 制御系による誤差
- クロックの精度
- 設置誤差（支柱の鉛直度，支柱とトルクチューブなどの直交度）

米国 DOE は，ポインティング誤差については 1 mrad 以下を目標値としている[47]。

レシーバ・アパチャ部分における反射光の広がりは，狭いほうが望ましい。しかし，そのためにはヘリオスタットの高精度化が必要であり，高コスト化は避けられない。したがって，システム全体の性能と設備コスト，発電コストを見ながら適正なヘリオスタットの精度を決める必要がある。

〔5〕 **ヘリオスタットの大きさ**　ヘリオスタットは現在に至るまで，徐々に大型化してきたが，その到達点の一つが PS10 の反射鏡面積 121 m^2 のヘリオスタットである。大型化してきた理由は，ヘリオスタットのコストの中で太陽追尾とその制御の部分の割合が高く，これを相対的に減少させるために反射鏡面積が拡大してきたのである。しかし，このような大型ヘリオスタットは反射鏡単位面積当りの設備コストは低いが，設置コストや 30 年以上にわたるメンテナンスにかかる費用は，小型ヘリオスタットよりも多くなると推測される。

このような背景があってか，最近は小型のヘリオスタットを使用するプラントが現れている。その典型が**図 3.39** に示す米国の eSolar 社のヘリオスタット

図3.39 eSolar社の小型ヘリオスタット[48),49)]

で，反射鏡の面積はわずか$1.14\,m^2$（$1.42\,m \times 0.8\,m$）と，47型液晶テレビと同じ大きさだという[48),49)]。このヘリオスタットの支柱は地面に埋め込まれるのではなく，図3.39に示すように，地面に置かれたコンクリート製のバラストに取り付けられるだけである。しかし，それだけでは不安定になるため，同じ列にあるヘリオスタットを金属製のフレームで連結し，2列分をたがいにトラスで接続して安定性を高めている。このように，規定寸法のフレームを用いることで，それぞれのヘリオスタット間の相対位置が容易に決まる。このシステムは設置工事も容易で，特に重機は必要ではない。小型ヘリオスタットを使用し，それを高密度で配置することによって，風による負荷を大きく低下させている。

このような反射鏡面積が$1.14\,m^2$というのは極端な例であるが，そのほかのメーカも小型ヘリオスタットを使用している。例えば，Bright Source Energy社では，$7.22\,m^2$のヘリオスタットを使用し，ドイツのDLRの技術で建設したJülichのプラントでは約$8\,m^2$のヘリオスタットを用いている。このような小型ヘリオスタットのファセットは一つだけであり，設置と調整の手間を省いている。

これらの動きと並行して，米国では，反射鏡面積が$60\,m^2$程度のヘリオスタットの開発も行われている。このように，大・中・小とさまざまな大きさのヘリオスタットが使われているが，どの大きさのものが最適なのかということ

については，まだ結論が出ていない．一般には，大型ヘリオスタットのほうが設備費は低いが，反射光は収差の影響が大きく，集光性能は小型ヘリオスタットよりも劣る．一方，小型ヘリオスタットはその逆である．したがって，どのような大きさのヘリオスタットを採用するかは，その性能，初期の設備費と設置コスト，O&Mコストをどう見るか，また何を重視するかで決まってくると考えられる．また，プラント規模もヘリオスタットを考える際には重要かもしれない．

3.3.3 ヘリオスタットフィールド

ヘリオスタットの性能を引き出すためには，それをタワーに対してどのように配置するか，また，複数のヘリオスタットをどのような規則性を持って配置するかということが重要になる．ここでは，最初にヘリオスタットの配置において考慮しなければならない損失の原因について説明する．ヘリオスタット（フィールド）の効率低下のおもな原因としては，コサイン効果，シャドウイング，ブロッキングがある．

〔1〕 **コサイン効果** コサイン効果については，すでに2.2.1項の図2.5で説明した．コサイン効果による損失は，入射光が必ず法線に対してある角度を持つヘリオスタットにおいては，きわめて重要である．**図3.40**は，北半球のタワー型プラントについて，タワーを挟んで太陽側とその反対側にあるヘリオスタットの太陽エネルギーの反射量を示している．北側のヘリオスタットは入射角が小さく，有効な反射鏡面積が広いため，エネルギー反射効率は高い．これに対して南側にあるヘリオスタットでは，入射角が大きく，有効反射面積が狭い．したがって，北半球ではタワーに対して北側にヘリオスタットを配置したほうが効率は高い．

カリフォルニア州のBarstowにあるタワー型プラントを想定した年間の平均コサイン効果の計算結果を**図3.41**に示す[50]．タワーを中心にして北側の効率が高く，南側は低くなっている．タワー南側では，タワーから至近のヘリオスタットを除き，効率は0.7以下である．また，タワーから東西方向に離れる

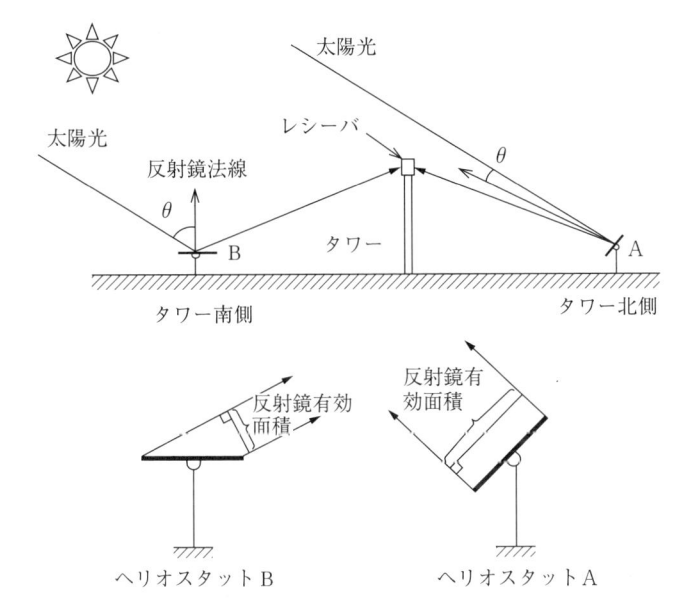

図 3.40 ヘリオスタットフィールドにおけるコサイン効果

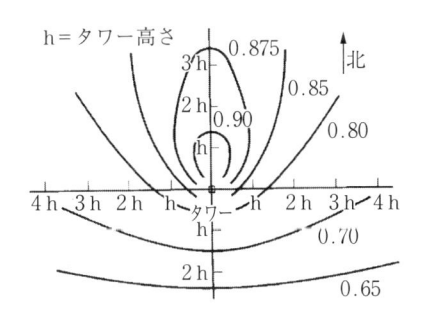

図 3.41 カリフォルニア州 Barstow における年平均コサイン効果[50]

ほど効率は低下する。

　ヘリオスタットフィールドの配置は，コサイン効果だけでは決まらない。プラントの緯度が高い場合には，相対的に太陽高度が低い。したがって，北半球ではタワーの南側において，ヘリオスタットが反射できるエネルギー量は低緯度地方よりも小さくなる。そのため，図 3.31 に示したスペインの PS10 のように，タワー北側のみにヘリオスタットフィールドを配置する。タワーに対してヘリオスタットをどのように配置するかは，レシーバの形状によっても決ま

る。後述するように，レシーバチューブを円筒形に配置したエクスターナル型では，円周方向すべてで反射光を受けられる。一方，キャビティ型のレシーバでは，アパチャ面の向きからのみ反射光を受けることが可能となる。

〔2〕 **シャドウイング（シェーディング）とブロッキング**　　多数のヘリオスタットを一定の土地に効率良く配置する際に重要な要素に，シャドウイング（シェーディング）とブロッキングがある。シャドウイングとは，**図3.42**に示すように対象となるヘリオスタットAへ入射する光が，太陽側に隣接するヘリオスタットBによって一部さえぎられ，Aの反射面全体を有効に使用できないことに起因する損失である。また，ブロッキングとは，ヘリオスタットAで反射された光の一部がレシーバへ到達する前に，他のヘリオスタットCに当たることによる損失である。

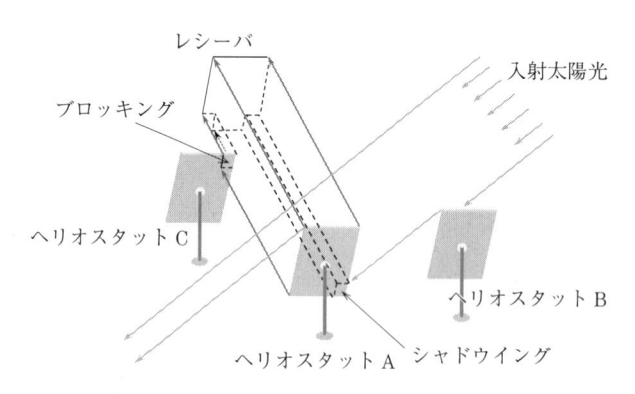

図3.42　シャドウイング（シェーディング）とブロッキング

このような損失を低減するためには，ヘリオスタットフィールドを十分に広くし，相対的にヘリオスタットの数を減らせば解決する。しかし，これには広大な土地が必要となることと，ヘリオスタットからレシーバまでの距離が離れすぎることにより，新たな損失が生じることになる。しかも，レシーバへと反射される光のエネルギー量を多くするためには，できるだけ狭い位置に多くのヘリオスタットを並べたほうがよい。

〔3〕 **ヘリオスタットの配置** 以上説明した損失は，タワーの高さを高くすることによって相対的に軽減できる。しかし，タワーの高さはおのずから限界があり，またタワーの高さが高いほどコストがかさむことになることから，この方法だけで損失をなくすことは実際には難しい。コサイン効果やシャドウイングやブロッキングによる損失をできるだけ抑えながら，限られた土地にヘリオスタットを密に並べて，多くの太陽エネルギーをレシーバに集めるため，ヘリオスタットの最適配置の方法が提案されてきた。最も効率的な配置といわれているのが**図 3.43** に示す，ヒューストン大学が提案したラジアルスタッガードと呼ばれる配置である[50]。

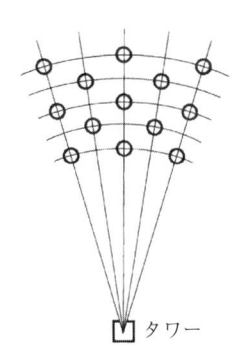

図 3.43 ラジアルスタッガードによるヘリオスタットの配置[50]

これは，タワーを中心に同心円状にヘリオスタットを並べるが，その際，ある同心円上のヘリオスタットの円周上の位置は，一つタワーに近い円周上のヘリオスタットの並びの間に設置する方法である。また，図 3.31 に示した PS10 の写真からも明らかなように，同心円の間隔はタワーから離れるに従って広くし，仰角が小さくなることによるブロッキングを抑制する構造となっている。しかし，この配置方法を用いるとタワーから遠くなるほど，ヘリオスタットの円周上の距離が長くなりすぎ，土地の利用率が低下する。そのため，ある半径以上になるとパターンを変えて配置するのが一般的である。PS10 のヘリオスタットフィールドでも途中からパターンを変えている。

ところで，最近このような集光効率を主眼に置いたラジアルスタッガード法ではなく，ヘリオスタットを直線状に配列するプラントも現れてきた。その先

鞭をつけたのが米国のeSolar社である。図3.39に示したように，同社は小型のヘリオスタットを直線状に，しかも高密度に配置している。この配列の方法は新たに提案されたものではなく，古くはcorn fieldと呼ばれていたものである。このような直線的にヘリオスタットを並べることは，集光効率のみを考えた場合には必ずしも適切ではない。しかし，自動洗浄ロボットの導入のようなメンテナンス性の向上がライフサイクルでのコスト低減に寄与すると判断して，ヘリオスタットの直線配置が導入されたと思われる。

eSolar社のヘリオスタットフィールドの特徴は，直線的なヘリオスタットの配置だけではなく，ヘリオスタットをきわめて密に設置して，土地利用率が48％にも達していることである[48],[49]。この値は，一般のタワー型CSPのそれが20％〜高々30％であることを考えると非常に高い。このように土地利用率が高いのは，ヘリオスタットフィールドの広さと比較してタワーの高さが相対的に高いためである。タワーは高さ47 mのモノポールタイプで，その上に南北のサブモジュールに対応したアパチャを持つレシーバが取り付けられている。レシーバの中心までの高さは50 mである。また，タワーから最も遠いヘリオスタットまでの水平距離は129 mである。ちなみに，スペインのPS10ではレシーバの中心までの高さは100 mあるが，最も離れたヘリオスタットまでの水平距離は800 mを超えている。PS10との比較から，eSolar社のモジュールではタワーが高いために，ヘリオスタットフィールドでシャドウイングやブロッキングが起きにくく，48％もの高い土地利用率になっている。

〔4〕 **ソーラフィールドの形状**　使用するヘリオスタット数を最小にして，しかも限られた土地面積で太陽エネルギーを最大限獲得するためには，ソーラフィールド全体の設計が重要である。これを考える際には，先に説明したコサイン効果，シャドウイング，ブロッキングなどとともに，地形やヘリオスタットのコストなどさまざまな影響を考え併せて設計する。また，タワー型プラントでは，レシーバの構造により**図3.44**（a）に示すように，タワーの周囲360°から反射光を受けられる場合と，図（b）のように，ある方向のみから受けることができる場合がある[50]。後述する円筒型のエクスターナルレシー

3.3 タワー型 CSP

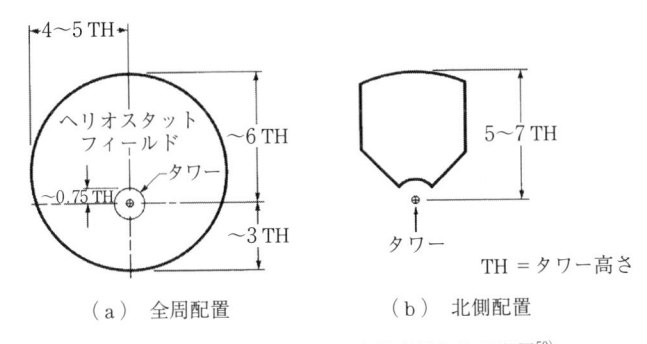

図3.44 ヘリオスタットの全周配置と北側配置[50]

バでは，360°方向から反射光を受けられるが，北半球では図のようにタワーに対して北側の割合が大きいほうが効率は高い。この割合はプラントの設置場所の緯度にも影響され，緯度が低いほどタワー南側でも効率は高くなる。ヘリオスタットをタワーの周囲360°に配置する場合には，一つのレシーバに対して多くのエネルギーを入れることができる。

図（b）のように，ヘリオスタットをタワーの北側のみに配置する場合には，コサイン効果の影響が最も小さく集光効率は高い。しかしながら，大型プラントでは北側だけにヘリオスタット並べていくと，レシーバからヘリオスタットまでの距離が長くなりすぎ，大気による減衰が無視できなくなる。したがって，タワーからヘリオスタットまでの距離は極端に長くならないほうがよい。また，図（b）ではシャドウイングによる損失が大きくなる東西方向の幅は狭くしている。このようにする理由は，同図はキャビティレシーバを想定しており，反射光を受けにくい東および西側には，ヘリオスタットを設置しないためである。なお，ヘリオスタットフィールドの最適な規模の考え方については，3.3.6項において説明する。

このようなヘリオスタットフィールドとその中に設置するヘリオスタット配置法の最適化については，DELSOL，MIRVAL，HFLCAL など多くのコンピュータコードが使用されている。CSP の場合は一般に，年間の発電量を最大とするのが最適化の目的関数である。

3.3.4 熱媒体の種類

タワー型プラントで使用されている熱媒体には，水/水蒸気，空気，硝酸塩系溶融塩がある。これら熱媒体の特徴と長所および短所を**表 3.3** に整理した。

水/水蒸気を用いることの最大の利点は，安全であることと，直接蒸気タービンを回すことができることであり，熱交換器が不要なことから設備費削減につながる。一方，相変化の問題があるのは，ほかの CSP と同様である。

空気は調達には不自由せず，無料かつ安全性にも問題はない。一方，熱伝導率と熱容量が低いことは欠点であり，レシーバの構造および蓄熱システムの導入による解決が不可欠である。蓄熱システムとしては，現時点ではセラミックのペレットなどが使用されている。今後は，より低コストで長時間のシステムの開発が必要となる。

表 3.3　各熱媒体の特徴および長所・短所

熱媒体	特徴・実績	長　所	短　所
水蒸気	・Solar One，PS10，PS20 で実績 ・Bright Source のデュアル蒸気レシーバでは過熱蒸気を製造	・直接発電に利用可能 ・熱交換器が不要で低コスト ・系外に漏れてもほぼ安全 ・水のコストは一般に低い	・熱伝導率が低い ・蓄熱システムが不十分で高コスト
空　気	・無限にあり，しかも安全で無料の空気を利用 ・Tower Plant Jülich	・無料 ・系外に漏れても安全	・熱伝導率が低く，熱容量が小さい ・蓄熱システムが不十分で高コスト（レシーバが高コスト？）
溶融塩	・米国 Solar Two で実績 ・Gemasolar を建設中 ・硝酸塩系の場合，使用温度の上限は 550℃ 程度	・液体のため，熱伝導率は水蒸気・空気に比べて高い ・熱容量が大きく，蓄熱は低コスト ・蓄熱のための熱交換器が不要	・高コスト ・一般に融点が高く，保温，断熱対策が必要 ・腐食性がある

溶融塩の長所は，稼動温度域で液相であること，空気や水蒸気と比較して熱伝導率が高いことと，熱容量が大きいことである。したがって，反射光のヒートフラックスを空気や水蒸気を用いる場合と比較して，高くすることが可能で

ある。溶融塩自体が蓄熱媒体としても機能することから，蓄熱システムを導入する際にも熱交換器は不要である。一方，欠点としては，一般に融点が高く，運転停止時においてもつねに固化防止のために加熱が必要なことである。これを解決するため，低融点の溶融塩の開発が進められている。

3.3.5 レシーバ

〔1〕 **レシーバ構造**　タワー型 CSP のレシーバは，タワーの最上部に設置し，ヘリオスタットで反射した太陽光を受け，熱に変換するという役割を担う。タワー型 CSP の効率は，主としてソーラフィールドの集光効率とともにレシーバの効率，すなわち光から熱への変換効率で決定されることになり，レシーバの性能はきわめて重要である。

　レシーバのエネルギー収支を考えると，**図 3.45** に示すようにヘリオスタットからの太陽光は大部分レシーバに当たるが，約 5% 程度はレシーバには当たらず損失となる。これを漏洩損失（spillage loss）と呼んでいる。残りの 95% はレシーバへ当たるが，そのすべてが熱へと変換されるわけではなく，一部は反射され損失の一因となる。レシーバで熱へと変換された太陽光は大部分が熱媒体へと伝達されるが，残りは対流，放射，熱伝導により失われる。一般に対流および放射熱損失の割合が高く，熱伝導による損失は低い。放射熱損失は絶

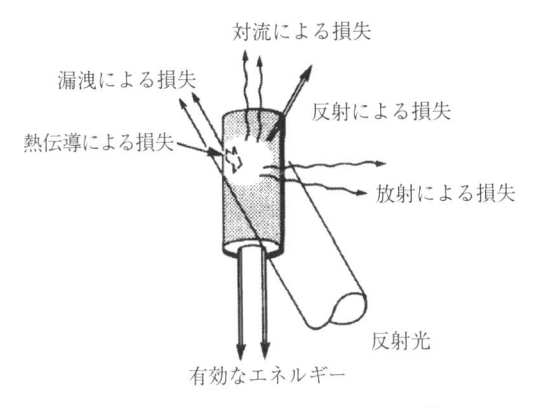

図 3.45　レシーバのエネルギー収支[50]

対温度の4乗に比例して増大するため，高温になるほど放射による損失は急増する。また，放射熱損失は次項に示すレシーバの構造によっても変化する。なお，レシーバの効率は一般的に80～90％である。

タワー型CSPのレシーバには，図3.46に示すようなエクスターナル型とキャビティ型とがある。エクスターナル型は熱媒体が流れるチューブを外側にむき出しにした構造である。一つのレシーバに対して，一方向からの反射光のみならず，タワーの周囲360°の方向から反射光を受けることができるのは，このタイプのレシーバである。キャビティ型のレシーバはアパチャ面に対してレシーバ表面が凹面となっており，光はアパチャから入り，レシーバ表面で熱へと変換される。したがって，キャビティ型レシーバを採用した場合には，光が入る方向は限定されてしまう。キャビティ型はレシーバ表面積がアパチャの2～3倍あり，ヘリオスタットからの反射光のフラックス強度を相対的に低くできる。

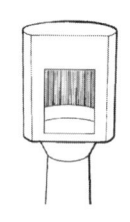

（a）エクスターナル型レシーバ　　（b）キャビティ型レシーバ

図3.46　エクスターナル型レシーバとキャビティ型レシーバ[50]

エクスターナル型とキャビティ型とを比較すると，キャビティ型は放射熱損失が少なく，反射による損失も少ない。また，強制対流熱損失も少なくなる。

一方，キャビティ型の欠点としては，エクスターナル型よりも反射光の漏れが大きくなりやすく，ヘリオスタットの反射光もレシーバ表面に均一に当てにくい。また，キャビティ型は部品点数が多くなることから，エクスターナル型よりも高コストとなる。

これら両タイプの性能面での比較について，eSolar社のデモンストレーションプラントを利用した測定結果を紹介する。図3.47は，同じ大きさと形状の

3.3 タワー型 CSP

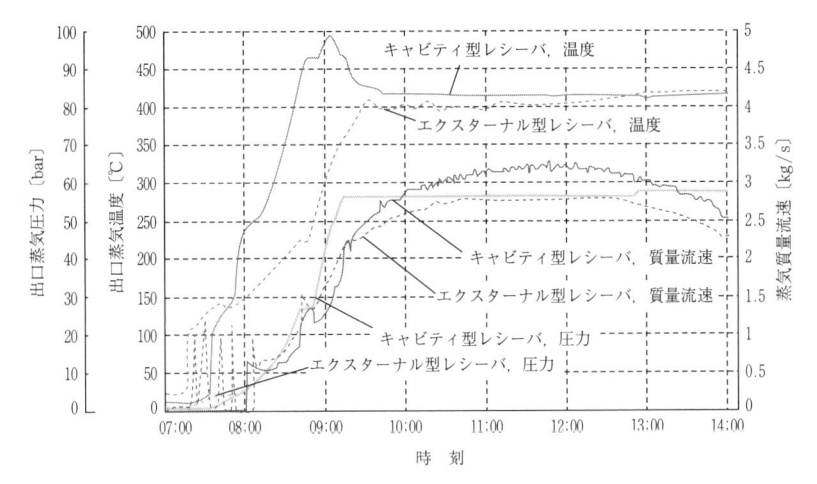

図 3.47 エクスターナル型レシーバとキャビティ型レシーバの性能比較[51]

ヘリオスタットフィールドからの反射光を，キャビティ型とエクスターナル型のレシーバで受けた場合の主要パラメータの実測結果である．午前中の装置の立上りはエクスターナル型のほうが早いが，その後は温度上昇と熱媒体の流量から判断して，キャビティ型のほうが性能は良いという結果が得られている．このような結果になったのは，対流による損失の差が大きいと結論付けている．

〔2〕 受光面の構造

① **チューブラレシーバ** レシーバの光から熱への変換部分は，熱媒体が水/水蒸気や硝酸塩系溶融塩の場合には，**図 3.48** のように伝熱管を並べたチューブラ形式が用いられる．チューブラレシーバの構造は，基本的に放射型のボイラと同じである．しかし，通常のボイラと異なる点は，レシーバでは集光した太陽光の高強度のフラックスがチューブ表面の片側だけに当たり，その反対側との間に高い温度差が生じることである．レシーバのアパチャ面における集光太陽光のフラックスのピーク強度は $500 \sim 800\,\mathrm{kW/m^2}$ にもなり，一般的なボイラのフラックス強度よりも数倍高い．許容されるフラックス強度は熱媒体によっても，また，その相状態によっても異なる．溶融塩の場合には

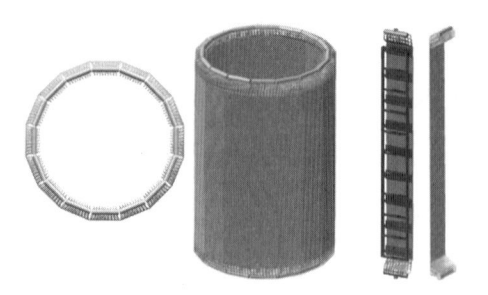

図 3.48 溶融塩用チューブラレシーバの構造[23]

チューブ内はつねに液相であり，高いヒートフラックスにも耐えられる。これに対して，水/水蒸気では，水から蒸気を製造するエバポレータと，過熱蒸気を製造するスーパーヒータとでは許容されるフラックスが異なり，エバポレータのほうが高い。

　一方，過熱蒸気を製造する部分では水蒸気の熱伝達率が低いため，ピークフラックスを高くできない。最近は，Bright Source Energy 社や Abengoa Solar 社のように，タワーにエバポレータと過熱蒸気製造用の2種類のレシーバを設けるメーカが現れている。そのような構造のレシーバでは，過熱蒸気製造部分にチューブの破損などの損傷が生じやすいとのことである。解決策としては，レシーバ構造の見直し，インコネルのような高温強度の高い材料の使用などが考えられる。また，フラックスのピーク強度をできるだけ下げるために，ヘリオスタットからの反射光のスポット位置の分散化や，制御を工夫することも有効である。

　② **体積型レシーバ**　空気を熱媒体とする場合には，体積型レシーバ（volumetric receiver）が用いられることが多い。これは表面だけではなく，深さ方向でも光を受けることが可能なレシーバであるため，「体積」型と名付けられた。本レシーバは，深さ方向に集光太陽光が侵入するように，多孔質材料などで作られている。体積型レシーバが用いられる理由は，空気は水や溶融塩と比較して熱伝導率が低く，チューブラレシーバでは十分に温度を上げることができないことと，チューブ表面へのヒートフラックスを高くすることもでき

ないためである。

体積型レシーバでは，図 3.49 のような材料を用いている。初期には細い鋼線を編んだ「スティールたわし」のような材料を用いていた。しかし，このタイプでは十分な空気温度の上昇が達成できなかったため，現在は，セラミックハニカムを使用している。ハニカムの流路は，入り口に対して 50 倍であり，空気の伝熱係数の低さを考慮した設計となっている。

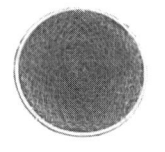

（a）金属メッシュ　　（b）セラミックフォーム　　（c）セラミックハニカム
図 3.49　体積型レシーバ材料[23]

Jülich のプラントで使用されている体積型レシーバの構造は，図 3.50 に示すようにモジュールの組合せで構成されている[52]。ハニカムは，一辺が 15 cm 程度の大きさの SiC で，スカートに接着されてアブソーバモジュールを構成している。このアブソーバモジュールをフレームに多数組み込み，レシーバモジュールを形成し，さらにサブレシーバのパネルを形成し，最終的なレシーバを構成する構造である。

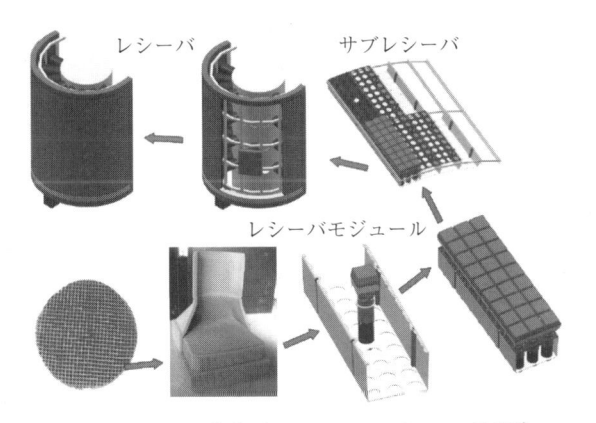

図 3.50　DLR の体積型レシーバのモジュール構造[52]

本レシーバを採用したシステムにおける空気の流れは**図 3.51** のようになっている[53]。外気はハニカムの外側から吸引され，集光太陽光により加熱されたセラミックの流路を通る過程で 800 〜 1 000℃程度まで加熱される。この空気は 1 か所に集められ，熱交換器で水蒸気を製造したあとにレシーバ部分へと戻る。

この常温より高い温度の戻り空気は，アブソーバモジュール間の隙間を通ってアブソーバ表面へと流れ，そこで再度ハニカムに吸収されて加熱される。このサイクルを繰り返すことにより，高温空気を有効に利用することが可能である。このように，絶えず新しい空気が入ってくることから，このタイプの体積型レシーバを open volumetric receiver と呼んでいる。一方，完全に密閉系として空気を循環させる場合には closed volumetric receiver と称している。

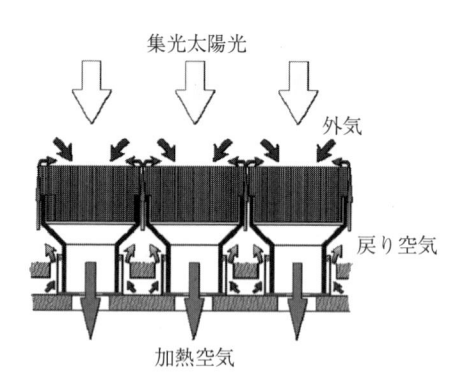

図 3.51 体積型レシーバの空気の流れ[53]

本レシーバは，ドイツの DLR が中心となって開発したもので，スペインにある PSA と呼ばれる研究施設で実証が続けられてきたが，実用化は遅れていた。しかし，2008 年末にドイツ北西部のデュッセルドルフ近郊にある Jülich に，この技術を用いたデモンストレーションプラントが完成し，実用プラントレベルでの評価が行われている[54]。

3.3.6 タワー型 CSP の大規模化

パラボラ・トラフ型においても説明したように，CSP は大規模プラントの

ほうが単位発電容量当りの設備費が低く，その結果として発電コストも低下する。タワー型の発電容量の拡大を図る場合，単純にタワーを高くしてヘリオスタットフィールドを拡大し，たくさんのヘリオスタットを設置することが最初に考えつくことである。しかし，集光性能から考える限り，この方法は得策とはいえない。なぜなら，ヘリオスタットフィールドを単純に拡大した場合，レシーバからの距離が遠くなりすぎ，ヘリオスタットからの反射光はアパチャ部分で大きく広がることになる。また，ヘリオスタットのさまざまな誤差も加算されることから，アパチャにおける反射光の広がりはさらに拡大される。その結果として，レシーバのアパチャが大きくなり，放熱が増加することから，効率は低下することになる。また，3.3.2〔3〕項および3.3.3〔3〕項で述べたように，ヘリオスタットからレシーバまでの距離が長くなると，その間における反射光の減衰量も増加することになる。上述のスペインのPS10に隣接して，発電容量が20 MWのPS20が建設されたが，タワーから最も遠いヘリオスタットまでの水平距離は1 000 mを超えている。このようなことから，ヘリオスタットフィールドには効率から考えた「最適な規模」があるように思われる。

それでは，一つのヘリオスタットフィールドのサイズを拡大せずに，大規模なプラントを建設するにはどうすればよいであろうか。その回答の一つを前述のeSolar社が提案している。同社のプラントは図3.52および図3.53に示すように，タワーと南北に置かれたヘリオスタットフィールドを1モジュールとし，複数のモジュールで製造した水蒸気を一つのパワーブロックに集めて発電するものである。

一つのモジュールは，1本のタワーとその南北に広がる長方形のヘリオスタットフィールド（サブモジュールと称する）で構成されている。モジュールの大きさは，東西が175 m，南北が190 mであり，南北のサブモジュールの間に幅25 mの道路が設置されている[48), 49)]。サブモジュールには，図3.39に示したような小型のヘリオスタットが6 090基設置される。eSolar社ではこのモジュールを16基組み合わせ，図3.53に示した出力46 MWのプラント（1ユ

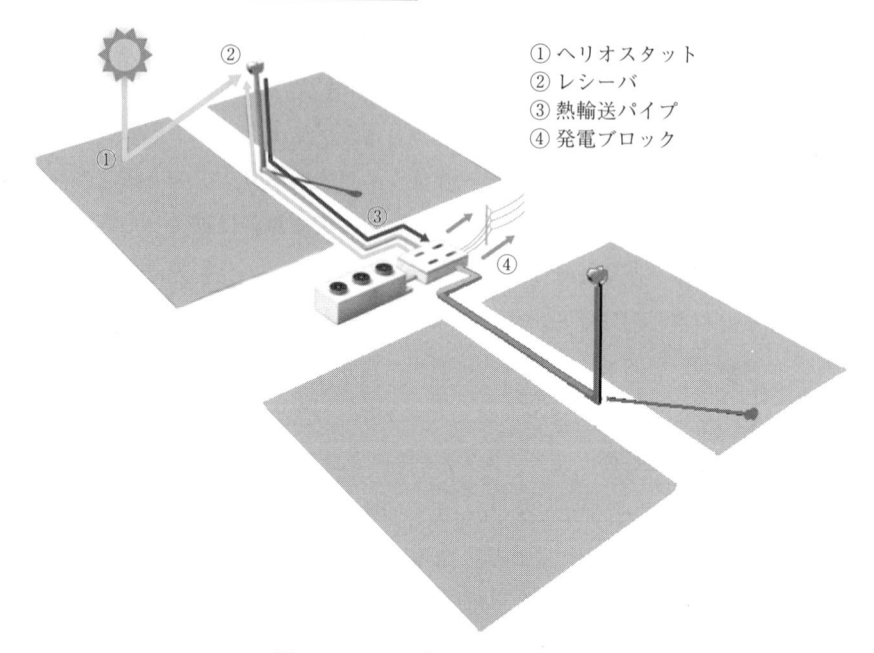

① ヘリオスタット
② レシーバ
③ 熱輸送パイプ
④ 発電ブロック

図 3.52　eSolar 社のモジュール構造

図 3.53　eSolar 社の 46 MW プラントのイメージ[49]

ニット）を提案している。1ユニットのヘリオスタットの総数は 194 880 台にも達する。

このようなモジュール構造のもう一つの利点は，比較的小規模の単位モジュールを組み合わせるため，通常，大型プラントの建設を行う際の開発のリスクが軽減されることである。

さて，性能面から考えると，一つの大型プラントを建設するよりも，eSolar

のようなモジュール方式のほうが優れていると考えられる．しかし，コストに関しては必ずしもそうではないかもしれない．したがって，今後も性能とコストの両面から優れた解決策を探る努力がまだ必要である．

3.3.7 タワー型 CSP のバリエーション

タワー型 CSP のバリエーションの一つとして，ビームダウン集光方式がある．ビームダウン集光方式は，図 3.54 のようにタワートップのレシーバの代わりに第二反射鏡を置き，ヘリオスタットの反射光をタワー下部にあるレシーバへと再度反射するものである．上部反射鏡は，図（a）に示すタワー下部から見て凸面の双曲面鏡を用いるイスラエルのワイツマン（Weizmann）研究所が用いる方式と，図（b）に示す凹面の楕円鏡を用いる三鷹光器（株）が用いている方式とがある．東工大のグループも，双曲面鏡を変形させた上部反射鏡を持つビームダウン集光方式を提案し，アブダビにパイロットプラントを建設した．

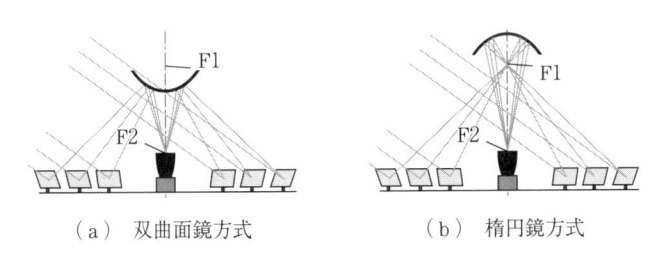

（a） 双曲面鏡方式 （b） 楕円鏡方式

図 3.54 ビームダウン集光方式の概略

双曲面鏡を用いる場合でも，楕円鏡を用いる場合でも，太陽光はヘリオスタットでそれぞれの第一焦点を目指して反射される．反射光は，双曲面鏡では第一焦点に到達する前に，また，楕円鏡では焦点を通過して下方に向けてさらに反射され，それぞれ第二焦点へと集光される．第二焦点には，通常 CPC（compound parabolic concentrator）と呼ばれる集光器があり，それによって集光され，その下部にあるレシーバへ導かれて熱へと変換される．ビームダウン集光方式で集光度を高くするためには，CPC などの集光器が必要である．

その理由は，第二反射鏡で反射された太陽光は下方に向かっていくにつれて広がっていくためである。これは，ビームダウン集光方式は反射望遠鏡の原理を利用しているからであり，双曲面鏡方式はカセグレン式反射望遠鏡の，また，楕円鏡方式はグレゴリー式反射望遠鏡の応用である。したがって，集光度が高い光をレシーバに導くためには，そのアパチャ部分に何らかの集光器を置く必要があり，一般にはCPCと呼ばれる複合パラボラ集光器が使用される。

双曲面鏡方式と楕円鏡方式とは，それぞれ一長一短がある。双曲面鏡方式の最大の長所は反射鏡が焦点の下側にあり，高さを低くできることである。一方，楕円鏡方式は反射鏡の高さは高いものの，焦点が反射鏡の下にあるため，ヘリオスタットのターゲット位置の調整が容易である。

ビームダウン集光方式の最大の利点は，図3.55に示すように放射損失が少ないキャビティ型のレシーバを用いて，タワーの周辺全域のヘリオスタットフィールドから光を集められることである。これに対してタワートップ集光方式では，限られた方向からしか反射光を受けられないため，有効なヘリオスタットフィールドは狭くなる。特に，タワートップ集光方式でも高い集光度を得るためにCPCを用いると，光を受けられるアクセプタンスアングルが狭くなるため，ヘリオスタットフィールドはさらに狭くなる。また，熱利用の観点ではレシーバが地上近くにあることで，熱利用が容易であることも挙げられる。したがって，大きな熱エネルギーを地上近くの1か所のレシーバに集めら

（a）タワートップ集光方式　　（b）ビームダウン集光方式

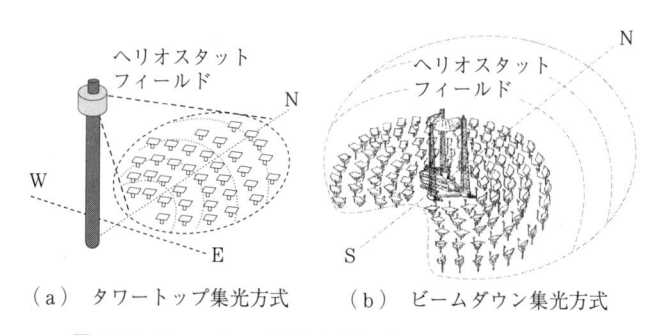

図3.55　タワートップ集光方式とビームダウン集光方式のヘリオスタットフィールドの差異

れることから，ソーラフューエルなどへの応用に特に向いていると考えられる。

一方，ビームダウン集光方式の問題点としては，太陽光をヘリオスタットと第二反射鏡で2回反射するために損失が生じることと，集光度を高めるために第二焦点に置かれる集光器（一般には CPC が使用される）における損失もあり，レシーバへ到達するまでの光学的な損失は大きい。解決すべき課題としては，大型の第二反射鏡をタワー上部に置かなければならないことから，その反射率維持のための洗浄作業を主とするメンテナンスが重要な課題であると思われる。地上 100 m 以上にある大型の反射鏡のメンテナンスは，地味ではあるが，ビームダウン集光方式の性能を維持するためには絶対に必要な作業である。頻繁に洗浄を行うことは実質的に困難であり，多大なコストを要すると考えられることから，第二反射鏡の表面に汚れ防止コーティングなどの処理を施すことが有効であると考えられる。

ビームダウン集光方式は，すべてのタワートップ集光方式にとって代わるというよりも，その特徴を生かすことができる用途に特化して活用されるものであると考えている。

3.3.8 ソーラガスタービン

タワー型 CSP でも他の方式と同様に，蒸気タービンを回して発電するのが一般的である。しかし，タワー型は集光度が高く，高温が得られるという特徴を生かし，ガスタービンによる発電技術の開発が進行中である。この方法は，図 3.56 に示すように，ガスタービンの圧縮機で圧縮した空気をレシーバへと送り，そこで 1 000℃ 程度にまで加熱する。加熱した空気は必要に応じてさらにダクトバーナで高温にし，ガスタービンを回すというものである[44]。ガスタービンを用いる発電の注目点としては，冷却水を必要としないことである。これは今後増加すると見込まれる乾燥地帯への CSP プラント建設にとっては，非常に有利な発電方式となる。

太陽熱でガスタービンを回すアイディアは，1980 年代に米国の EPRI で考え

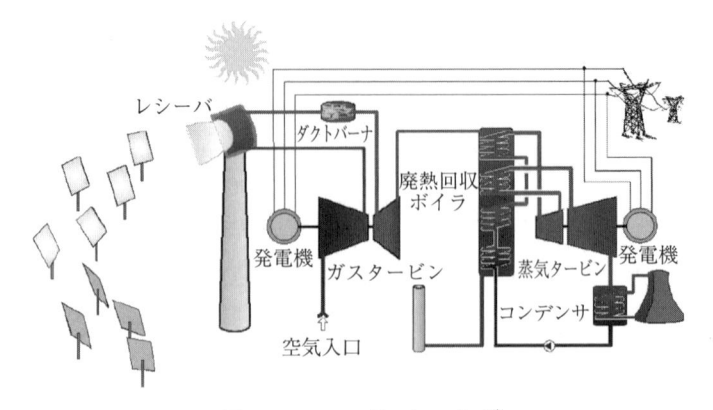

図 3.56　ソーラガスタービン[44]

出されたようであるが，最初にこれを成功させたのはドイツとスペインを中心としたEUのグループであった．EUはFP5（第5期研究・技術開発枠組み計画）の枠組みで，1998年からSOLGATEと呼ばれるプロジェクトを進め，スペイン南部にあるPSAにて実証試験を行った[55]．

実験装置は図 3.57 に示すようなもので，ヘリコプター用の250 kWと小型のガスタービンを改良して用いている．一番肝心なレシーバ部分は，低温用（LT），中温用（MT），高温用（HT）と直列に3台レシーバをつないでいる．これらのレシーバは，いずれもDLRが中心となって開発したものである．

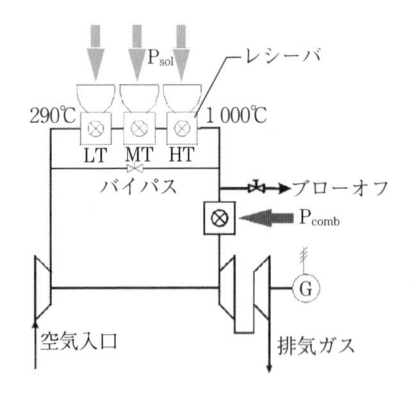

図 3.57　SOLGATE プロジェクトにおける実験設備の概略図[55]

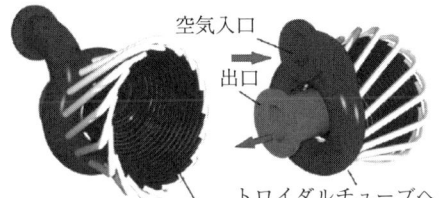

図3.58 低温レシーバ[55]

　低温レシーバは図3.58に示すようなチューブレシーバであり，細い金属性のチューブを並列に10本以上並べ，らせん状に取り付けて管路を長く，熱膨張もある程度吸収できるような構造となっている。

　一方，中温と高温には，図3.59に示すような体積型のレシーバが用いられている。レシーバ前面にはCPCが置かれ，集光度を上げている。レシーバ断面は，石英ガラスで作った半径30 cmほどの半球状のドームの外側にセラミックフォームを入れ，石英ガラス越しに集光太陽光を当ててセラミックフォームを加熱する。そこに高圧の空気を流して過熱するものである。SOLGATEの実験では，レシーバ出口温度は1 000℃以上を達成している。しかし，この方式のレシーバは大型化に向いていないといわれており，今後開発される大型プラント用のレシーバでは，別の方式のレシーバが検討されているようである。

図3.59 ソーラガスタービン用中温および高温レシーバ[44]

　EUのSOLGATEプロジェクトは2005年に終了したが，その後，2006年からEUのFP6で，マイクロガスタービンを用いたSOLHYCOプロジェクトが行われた。また，2009年からはFP7でSOLGASプロジェクトが行われ，コンバインドサイクルやコージェネレーションなどの用途における大型のソーラハイブリッドGTの商業規模のデモンストレーションと，コスト低減を目的とし

た開発が進められている。この開発にはスペインのAbengoa Solar社やドイツの国立研究機関であるDLRなどが参加し，公的な研究機関と民間企業とが組み，しかも，国境を越えた開発が行われている。2011年現在，スペインのPS10に隣接して実験プラントを建設中である。

ソーラガスタービンについては，イスラエル，フランス，イタリアなどでも開発が行われている。日本では三菱重工（株）がオーストラリアの国立研究機関のCSIROと組んで開発を進めており，2011年からパイロットプラントでの評価が行われる予定である。同社の場合には，ダクトバーナを使用せずに太陽熱だけでガスタービンを回すことを目指している。したがって，ソーラガスタービンと呼ぶよりも，ソーラ空気タービンと称するほうが適切である。ダクトバーナを使用しない場合には，蓄熱システムを導入し，タービンを安定に運転できるようなシステムの構築が必要である。

3.3.9　タワー型プラントのコスト

水／水蒸気を熱媒体とし，発電容量10 MWで3時間の蓄熱システムを有するタワー型プラントの投資コスト構成を**図3.60**に示す[7]。最も構成比が高いのはヘリオスタットで，38％となっている。ほかにもヘリオスタットは設備費の40〜50％とする報告がある。ヘリオスタットのほか，タワーとレシーバの投資コストの割合は合計で19％となり，ヘリオスタットを含めた集光系で投資コスト全体の6割程度を占めている。タワー型のコストダウンを考える際には，ヘリオスタットのコストダウンは避けて通れない。

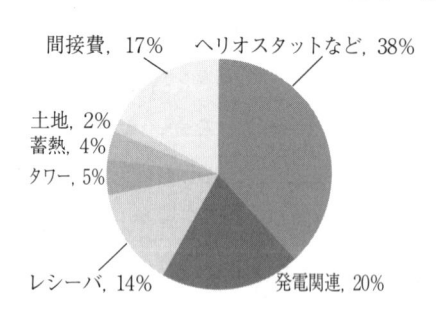

図3.60 タワー型CSPの投資コスト構成[7]

ところで，ヘリオスタットのコストダウンを進めるにあたっては，そのコスト構成を明らかにする必要がある。図3.61に示すヘリオスタットのコスト構成のなかで，リフレクタが占める割合が36％と最も高いが，太陽の追尾装置と制御系とを合計すると44％にも達している[7]。したがって，低コストを進めるには，ヘリオスタット1台に占める太陽追尾装置と制御系のコストを相対的に低くすることも一案である。

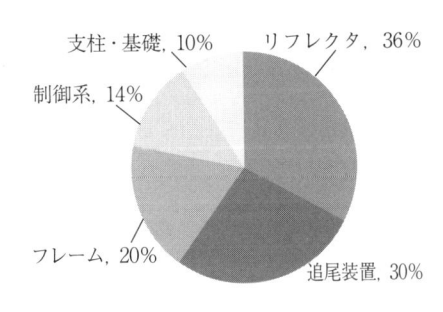

図3.61 ヘリオスタットのコスト構成[7]

（円グラフ：リフレクタ 36％，追尾装置 30％，フレーム 20％，制御系 14％，支柱・基礎 10％）

このような背景から，ヘリオスタットの単位面積当りのコストを削減するため，大型化が進んできた。1990年代からヘリオスタットのコスト目標は，大量生産時には反射鏡1 m^2 当り100ドルといわれてきた。反射鏡面積が148 m^2 というARCO社（ATS社が承継）の大型のヘリオスタットで，なおかつこれを年間5 000台製造した場合には，126 $\$_{2006}/m^2$ で製造可能という数字が出ている[56]。しかし前述のように，ここまで大型のヘリオスタットを使用することが適切かどうかは疑問である。

一方，大型化の対極で前述の小型ヘリオスタットが現れたが，これが可能になった背景には制御技術の進歩とコストダウンが進み，太陽の追尾・制御系に要するコストが大幅に低下したのが一つの理由である。確かに，小型化すると設置コストやO＆Mコストについては低いと考えられるものの，設備コストは大型ヘリオスタットよりも相対的に高いのは否めない。今後は，プラントのコスト全体とのバランスを取りながら，最適なヘリオスタットの大きさを目指すべきであろう。

米国のDOEは2010年会計年度より，従来のパラボラ・トラフ型中心の開

発から,蓄熱システムを有するタワー型プラントの開発へと大きく方針を転換している[47]。新しい方針では,タワー型プラントを2022年までに,石炭火力など既存のベースロードの発電システムに対して競争力を持たせようとするものである。タワー型プラントの各部位のベースラインのコストと10年後のコスト目標は**表3.4**のとおりである。それぞれの目標値と現在のコストを比較すると,設備費のなかで最も割合が高いヘリオスタットのコスト減少率が最も高い。また,ベースロードを目標としているため,蓄熱システムのコスト低下のみならず,タワー型に見合った高温の蓄熱システムやその材料の開発にも力を入れている。

表3.4 DOEのタワー型プラントに関するコスト目標(米国 $\$_{2010}$)[47]

	ヘリオスタット	レシーバ	蓄熱	発電ブロック	蒸気製造	O&M
ベース	200/m^2	200/kWt	30/kWt	1 000/kWe	280〜350/kWe	65/kWyr
目標	120/m^2	170/kWt	20/kWt	800/kWe	250/kWe	50/kWyr

注)ヘリオスタットのコスト目標は,年間約750 000 m^2(約60 MWe相当)のヘリオスタットを製造する場合。

このような米国の動きの背景には,コストの低下が著しいPVパネルの影響があると思われる。すなわち,PVの低コスト化に合わせてCSPのコストを低下させるとともに,PVでは発電できない時間帯にも電力供給を行い,PVとの差別化を図ろうとするものである。ベースロードとまではいかなくても,夕方から夜の電力需要のピークにかけて電力供給が可能であるならば,CSPの存在感はおおいに高まる。

3.4 パラボラ・ディッシュ型CSP

3.4.1 パラボラ・ディッシュ型の構造

パラボラ・ディッシュ型は**図3.62**に示すように,放物面形状の反射鏡の焦点にあるレシーバへと太陽光を集めて,熱へと変換して発電する[7]。放物面であることから,中心軸に平行な光はすべて焦点に集めることができる。した

3.4 パラボラ・ディッシュ型CSP

がって，パラボラ・ディッシュ型の特徴は，集光度が3 000～4 000と非常に高く，高温が得られることである．このため発電効率は非常に高く，光から電力への変換効率は最高で31.25％に達している[57]．また，通常でも25～26％の変換効率が出せることで，4種類のCSP技術のなかでは最も発電効率が高い．

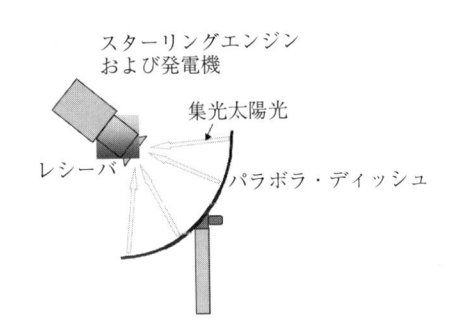

図3.62 パラボラ・ディッシュ型の構造[7]

現在のパラボラ・ディッシュ型の出力は3～25 kWであり，モジュール性に優れているため分散化電源に向いている．そのため，島しょ部やグリッドからの電源供給が期待できない地域での使用が適切と考えられてきた．しかし，最近では多数のモジュールを1か所に集め，大規模発電を行う計画もある．SES（Stirling Energy System）社は2010年1月から，Sun Catcher 15基からなる1.5 MWのデモプラントをアリゾナ州で運転を開始した．

パラボラ・ディッシュ型は，図3.2に示したパラボラ・トラフ型コレクタを，中心軸に対して360°回転させたような構造である．したがって，光学的な特性も基本的に同じであり，中心軸に平行な光のみが焦点に集まる．このため，パラボラ・ディッシュ型は，その中心軸がつねに太陽の方向に向くように2軸追尾をする．パラボラ・ディッシュ型で用いられる2軸マウント方式もAz-El方式が主流であるが，小型のシステムでは赤道方式も用いられる．図3.63に示すEURODISHはAz-Elマウントであるが，一般的な支柱の上にマウントを取り付けたものではなく，カルーセル方式を採用している．

パラボラ・ディッシュ型では，放物面全体を太陽方向に向ける必要があるため大型化が困難であり，放物面のアパチャ面積は一般的には100 m^{2}程度が上

図 3.63 EURODISH の前面および背面[23]

限とされる。しかし最近では，パラボラ・ディッシュを大型化する動きも現れている。オーストラリア国立大学では 500 m^2 のコレクタを開発している[58]。同大学では，それぞれの大型パラボラ・ディッシュにスターリングエンジンなどを取り付けるのではなく，各レシーバで蒸気を発生し，地上で 1 か所に集めて発電する計画がある。また，後述するようにアンモニアを利用した熱輸送と蓄熱システムを使用して複数のコレクタからの熱エネルギーを 1 か所に集め，必要なタイミングで発電をする計画もある。

　パラボラ・ディッシュでは焦点に反射光を集めるために，三次元放物面形状を精度よく形成し，それを風の影響下でも維持する必要がある。このため，風の影響を受けやすい凹面構造の精度を維持するため剛性を高くし，同時に軽量化も達成可能なフレーム構造を採用することが重要である。パラボラ・ディッシュ型のコレクタでは，一般に反射鏡には薄板のガラス反射鏡が用いられ，あらかじめ放物面形状に成形した基板の上に，それを貼り付けて放物面反射鏡としている。

3.4.2　レシーバとエンジン

　放物面で焦点に集められた太陽光は，キャビティ形状のレシーバで熱へと変換され，熱媒体を加熱してエンジンを回転させる。図 3.64 は，SES 社の 25 kW 用レシーバで，直径が 20 cm，チューブの温度は 810℃である。一般にパ

図 3.64 EURODISH のチューブラレシーバ[59]

ラボラ・ディッシュ型では，小型の外燃機関で熱効率が高く，振動が少ないスターリングエンジンが用いられる。開発の初期段階ではマイクロガスタービンや，有機溶媒を作動流体とするオーガニックランキンサイクルが試用された時期もあるが，現在は，主要メーカすべてがスターリングエンジンを使用している。SES 社は，水素を作動流体とした 4 気筒 25 kW のスターリングエンジンを用いている。また，米国の Infinia 社は，小型の 3 kW のフリーピストンエンジンでヘリウムを作動流体としている。また，Infinia 社は現在，6 気筒の 30 kW のエンジンを開発中である。現時点でスターリングエンジンはすべて空冷式を採用しており，砂漠地帯への設置を考慮している。

3.4.3 蓄熱システム

CSP の PV に対する優位点の一つが蓄熱システムである。しかしながら，パラボラ・ディッシュ型の場合には装置自体が小型で，蓄熱システムを導入しにくい。このため，SES 社は蓄電システムの導入を検討しているが，この方法ではコストがかさみ，競合すると思われる CPV（集光型太陽光発電）に対する優位性を出しにくい。これに対して Infinia 社は，国の助成を受けてスターリングエンジン用の蓄熱システムの開発を行っている。これは，相変化材料を使用した潜熱蓄熱を利用するもので，一時的な曇りはもちろん，日没後の 4 ～ 6 時間にも発電できるようにするというものである。

オーストラリア国立大学のグループは，**図 3.65** に示すようなアンモニアの

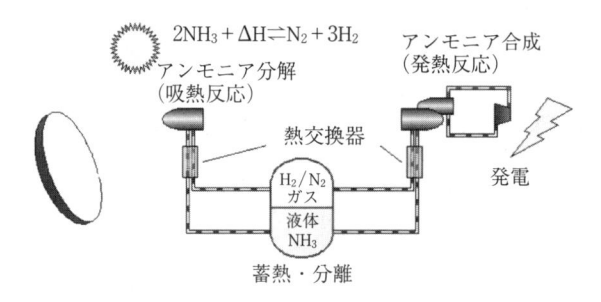

図 3.65 アンモニアを利用した蓄熱システム[58]

分解と合成を利用した熱輸送と蓄熱を組み合わせたシステムの開発を行っている[60), 61)]。図 3.66 は，実験に使用しているパラボラ・ディッシュ型コレクタとアンモニア分解用のレシーバである。アンモニアはレシーバで，太陽熱によって水素と窒素とに分解される。得られた水素と窒素はタンクに溜められ，必要なタイミングで発電システムへと送られる。発電側では，水素と窒素からアンモニアを合成する際の反応熱を利用して発電を行う。合成されたアンモニアは再びタンクに溜められ，レシーバに送られて再び分解されるサイクルを繰り返す。このプロセスでは，それぞれのパラボラ・ディッシュ型コレクタでアンモニアは分解されるが，複数のコレクタで得られた水素と窒素は 1 か所に集めて発電することが可能である。これにより，システム全体の効率化と低コスト化が達成できる。同大学では，企業と一緒にアパチャ面積が 400 〜 500 m^2 の大型パラボラ・ディッシュ型でこのプロセスの実用化を図っている[58]。

図 3.66 実験用パラボラ・ディッシュとアンモニア用レシーバ[58]

このように，小型のパラボラ・ディッシュ型ではCSPがPVに対して優位性を出すような蓄熱システムの導入やハイブリッド化が比較的困難である。また，パラボラ・ディッシュ型のメリットであるモジュール性もPVと同じである。したがって，今後のパラボラ・ディッシュ型の進むべき方向としては，オーストラリア国立大学のように，その高効率性を生かす独自のシステムの導入が必要であると考えている。

3.5 CSPの課題

CSPの市場拡大は，PV，特に中国製の安価なPVモジュールの台頭により大きな影響を受けている。このような状況を打開するため，CSP業界は設備費の低減による発電コスト削減と，PVが電力を供給できない夕方から夜間にかけての電力需要時間帯に「価値の高い」電力供給を行うことを目指し研究・開発を加速させている。夕方から夜間にかけての電力供給には，蓄熱や燃料を燃やすボイラを併設するハイブリッド化があるが，CSPの業界は燃料を必要としない蓄熱システムの開発にしのぎを削っている。蓄熱システムの導入は発電量の増加をもたらし，低発電コスト化に結びつく。したがって，本節では課題として低発電コスト化を中心として取り上げ，そのなかでこの課題を説明していく。併せてCSPの課題としては，乾燥地帯に設置されることから，水の調達の問題とその影響および砂によるプラントへの影響が懸念される。ここではそれらについても記述する。

3.5.1 発電コストの低下

1.1.4項に示した平均発電コスト（LEC）を求める式(1.1)において，平均発電コストを低下させるためには，設備費，O&Mの費用および燃料使用量の削減と年間発電量を増大させることが有効である。また，これらがそれぞれ相互に影響し合っていることに留意する必要がある。

ドイツのDLRが2005年にまとめたパラボラ・トラフ型プラントの設備費と

O＆M費用の見積りを表3.5に示す。ここでは，プラントの発電容量を50 MW，蓄熱能力を3時間として計算している。パラボラ・トラフ型プラントの設備費とO＆M費用についてはSEGSでの実績があることから，比較的精度が高い。一般に，CSPプラントは償却年数を30年とすることが多い。借入れ金利を6％とすると，年間償却比率は8.26％となる。この場合には，平均発電コストに及ぼす影響は，年間の償却費がO＆M費用の3.6倍以上となっている。したがって，設備費の低下と発電量の増加が平均発電コストに大きく影響することになる。

表3.5 50 MW・パラボラ・トラフ型プラントの投資コストと運転コスト[7]

総投資コスト（間接費込み）	176 476 938 ユーロ
相対投資コスト	3 530 ユーロ /kWe
年間償却費	14 585 627 ユーロ /a
年間O＆Mコスト	4 003 490 ユーロ /a
相対O＆Mコスト	0.032 ユーロ /kWh

設備費の削減のためには，研究・開発，部品の大量生産，プラントのスケールアップが効果的であるが，このなかで最も研究・開発の効果が高いという。O＆Mコストの低減には部品の研究・開発に伴う寿命の延長などや，プラントのスケールアップ，習熟度の向上などが影響する。

発電コストを低下させる最も有効な手段の一つは，年間の発電量を上げることであるが，そのための方法として考えられるものは以下のとおりである。

・蓄熱システムの導入・ハイブリッド化 ⇒ 稼動率上昇による発電量増加
・稼動温度の高温化 ⇒ ランキンサイクル効率上昇による発電量の増加

〔1〕**蓄熱システム・ボイラの導入**　ボイラで燃料を燃やして稼動率を上げる方法は，設備費については比較的低いが，その導入量に依存して燃料費がかさむ。今後の燃料コストが増加することに留意する必要がある。

蓄熱システム導入による稼動率の向上も，応分のソーラフィールドの拡大を伴うことから，設備費の増加をもたらす。しかし，蒸気タービンや発電機などの発電関連設備は同じものを使用することから，この部分についての設備費は

増加しない。したがって，稼動率の増加に比較して設備費の増加は相対的に小さい。**図 3.67** にタワー型プラントにおける平均発電コストと設備稼動率との関係を示す。なお，図では設備稼動率は蓄熱能力を変えることで変化させている。年間の設備稼動率は蓄熱時間の増加とともに向上し，その結果，蓄熱時間が 13 時間ほどで平均発電コストは最小となっている。ただし，図の計算結果はあくまでも熱媒体を溶融塩とし，550℃程度で運転されるタワー型プラントに対してのもので，現状，高々400℃程度で運転されているパラボラ・トラフ型では，設備稼動率を上げても平均発電コストの低下にはほとんど結び付かないという。この理由は 2.3.3 項で説明したように，熱媒体に合成油を使用している現在のパラボラ・トラフ型では，蓄熱システムの高温側と低温側との温度差が 100℃以下と小さいために，蓄熱システムが高コストになるためである。

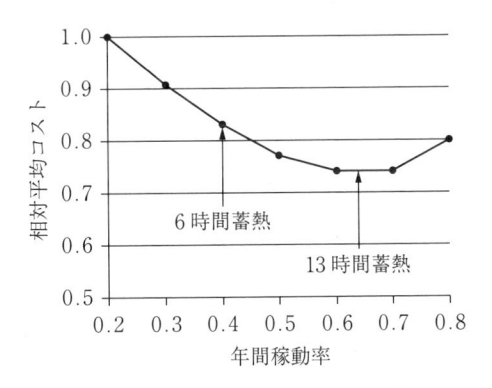

図 3.67 タワー型プラントにおける平均発電コストと設備稼動率との関係[62]

〔2〕 **稼動温度の高温化** CSP で発電量を増やす場合には，稼動温度を上げてランキンサイクル効率を高める方法もある。これについては，パラボラ・トラフ型 CSP における高温化の動向についても説明した。また，パラボラ・トラフ型より集光度が高いタワー型プラントについては，米国 DOE は稼動温度を 600〜700℃とする目標を立て，研究・開発を活発化している。ただし，高温化によるランキンサイクル効率の向上が，発電コストの低下に直接結び付くかどうかは不透明である。理由の一つは，高温化による設備費の増加で

ある。ランキンサイクル効率の向上による発電量の増加が，設備コストの増加により打ち消されてしまうと発電コストは低下しない。一般に高温化のコストは大きく，この点を十分に考慮する必要がある。もう一つの理由は，高温化による放射熱損失が増加し，期待ほど発電量が伸びないことも考えられる。この場合には，レシーバの最適形状の選択や，表面への選択吸収性の導入を考える必要があるかもしれない。

3.5.2 水 の 問 題

乾燥地帯に設置されることが多いCSPでは，水の調達が課題である。乾燥地帯といえども水が豊富にある地域もあるが，その場合には農業と競合する場合もある。CSPで最も大量の水が必要となるのは，ランキンサイクルを用いている場合のクーリングタワーであり，$2 \sim 3 \, \text{m}^3/\text{kWh}$ を消費する。発電量当りの水の消費量を減らすためには，蒸気温度を上げて発電量を増やすことも一つの手段であるが，それには限界がある。最近の設計では，水の調達が困難な地域においては空冷コンデンサの使用が一般的になっている。しかし，空冷コンデンサの場合には十分な冷却が不可能なことと，また，ファンの電力消費が大きいことから送電端効率が低下する。したがって，CSPの課題の一つとして，水の消費が少ない水冷の冷却システムの開発が進められている。

海岸に近い立地のCSPプラントでは，蒸発法の海水淡水化装置と組み合わせると，発電効率の向上と清水の供給が同時に達成可能である。これは，蒸気タービンからの低温の戻り蒸気を熱源として，海水淡水化装置を稼動するものである。この場合，多重効用法（multi-effect distillation，MED）を用いると，70℃程度の蒸気でも海水淡水化が可能であるという[44]。なお，海水淡水化には逆浸透膜法（RO）と蒸発法とがあるが，アラビア半島周辺のように塩分濃度が高い海域では，蒸発法のほうが効率は高い。

2011年現在，ギリシャのクレタ（Crete）島のカニアに，50 MWeのパラボラ・トラフ型CSPプラントと海水淡水化装置を組み合わせたプラント建設が進行している[63]。このプラントには，全負荷で3時間程度の運転が可能な蓄熱

システムが供えられる予定である。海水は2kmほど離れた島の西部から送られ，標高80～100mにあるプラントまでポンプアップされる。海水淡水化はMEDが採用され，1 000 m^3/日のモジュールが5組み使用され，5 000 m^3/日の能力を持つ。ギリシャでは，太陽熱発電は再生エネルギー法によりサポートされている。これは2010年6月4日に更新され，フィード・イン・タリフによって電力購入が20年の間，284.85ユーロ/MWhで保証されている。

　CSPプラントにおけるそのほかの水の用途としては，反射鏡の洗浄がある。CSPでは土壌成分による汚れなどにより，反射鏡の反射率が低下すると，直接発電量の低下に結び付く。反射鏡は屋外に設置されるため，汚れが付着するのは不可避であり，定期的に水を用いて洗浄作業を行っている。米国のSEGSプラントでは，1990年代には単位発電量当り3.4m^3/MWhの水の消費があったが，そのうち約90%が冷却であり，1.4%が反射鏡の洗浄用とのことである[33]。洗浄用の水量としては必ずしも多くはないが，反射鏡洗浄用にはあらかじめミネラル分を取り除き硬度を下げなければならない。したがって，さらなる水の使用量削減のため，また，水処理用コストと反射鏡洗浄にかかる人件費削減のためには，反射鏡の汚れ防止を目的としたコーティングの開発が必要である。併せて，プラント設置前に，その土地で調達可能な水の水質・水量を把握することも必要となる。

3.5.3　土壌の影響

　乾燥地帯に設置されることが多いCSPプラントのO&M上の問題点は，砂のような土壌の成分の影響である。CSPでは，上述の反射鏡の汚れだけではなく，機械部品への悪影響も懸念される。すなわち，太陽を追尾するために相対運動を行う機械部品が必ずあるが，もし，砂のような硬い異物がしゅう動部分に侵入すると摩耗速度が桁違いに多くなり，部品の寿命はそれに応じて著しく低下する。このような問題を軽減するためには，あらかじめ適切な密封装置などで十分な対策を行う必要がある。もう一つの問題は，強風により砂が飛んでくることが原因で発生するエロージョンである。エロージョンによる摩耗量

は粒子の速度の2乗に比例するため，風速が増加すると摩耗量は急増することになる。また，エロージョンはなお CSP に用いられるガラス裏面鏡では，表面に硬くしかも平滑なガラスがあるため，エロージョンによる損傷は比較的起きにくい。エロージョンは，削る作用をする砂と，削られる材料の硬さの差が大きいほど摩耗量は増加する。したがって，本損傷を抑制するためには，部材の硬さを砂よりも硬くするか，少なくとも砂に近付けるほうがよいが，これにはおのずから限度がある。根本的な解決策は砂嵐が起きにくい適切なサイトの選択や，風を弱める防風ネットの設置などであろう。防風ネットを設置すると風速が低下するため，砂塵の影響が緩和されるとともに，より強風下でもプラントの運転が可能になる。

　土壌やそれに由来する問題は，プラントの計画段階で行われる地質学的調査や土壌に関する調査とともに，風速や風向およびその季節変動によって予測されるものである。また，地形によっても影響は異なる。したがって，プラント建設の際には，予測されるさまざまな影響を考慮した危機の選択や対処が必要である。

3.5.4　地形の影響

　CSP は，エネルギー密度が低い太陽エネルギーによって発電することから，広大な土地が必要となる。パラボラ・トラフ型 CSP プラントでは，蓄熱システムがない場合においてさえ，1 MW の発電容量に対して 15 000 ～ 20 000 m^2 もの土地が必要になる。CSP を設置する際には，このように広大なだけではなく，可能な限り平たんな土地がよいとされる。一般には，土地の勾配は 1% 以下が望ましいとされ，3% が上限とされる。平たんな土地が必要な理由は，勾配が急だとコレクタの軸受に大きなスラスト荷重がかかり，一般の軸受部分の仕様ではこの負荷に耐えられないためである。3% より急な勾配の土地向けには，軸受周りを補強したコレクタの開発も行われている。また，勾配がある広い土地に設置されたソーラフィールド全体にわたって熱媒体を循環させることは，ポンプの動力損失が増大するために送電端効率が低下する。このような

ことなどもプラント設置場所に平坦さが求められる理由である。なお，土地勾配が避けられない場合には，北半球では北にいくほど高くなるほうが，集光効率を高めるためには望ましい。

　CSPの設置が拡大されるとともに，今後は徐々にCSPに適した条件を持つ勾配が緩やかで広大な土地が少なくなっていくものと予測される。このような状況に対処するため，より勾配の急な土地へも設置できるコレクタの開発や，熱媒体の流動抵抗を低下させるような，直径の大きなレシーバチューブを使用することも一つの解決策であろう。

4 太陽熱燃料化

4.1 熱化学転換法による太陽熱燃料化の重要性と原理

　太陽熱発電の実用化が進む一方で、サンベルトで得られる高温太陽集熱を熱源として利用し、水素や合成ガス（水素と一酸化炭素の混合ガス）などの化学燃料に転換するプロセスが近年急速に注目されている[64]。このように、太陽エネルギーを用いて製造される燃料をソーラ燃料という。ソーラ燃料である水素や合成ガスは、水や石炭・天然ガスを熱化学転換することで得られ、これを中期的にはメタノールやジメチルエーテル（DME）などの液体燃料に、長期的には液化水素／有機ハイドライドなどに転換することで、エネルギー貯蔵・エネルギー消費地への輸送などが容易となる（図4.1）。

　この技術は、特に日本のようなサンベルトから遠く離れた地域では有効であり、これにより、サンベルトで製造した太陽熱由来の水素・化学燃料（ソーラ燃料）をサンベルトから離れた日本にタンカーなどで渡洋輸送することが可能となる。

　太陽→水素エネルギー転換効率の比較を図4.2に示す。最も一般的な水素製造プロセスは、「太陽電池＋水の電気分解」によるものであり、太陽→水素エネルギー転換効率は、太陽電池の光／電気の変換効率と水電解の電気化学転換効率との積で表されることから、大型の太陽電池と大型の電解装置を使用した場合、最終的な効率は8％程度になる。さらに、このルートでの水素転換

4.1 熱化学転換法による太陽熱燃料化の重要性と原理

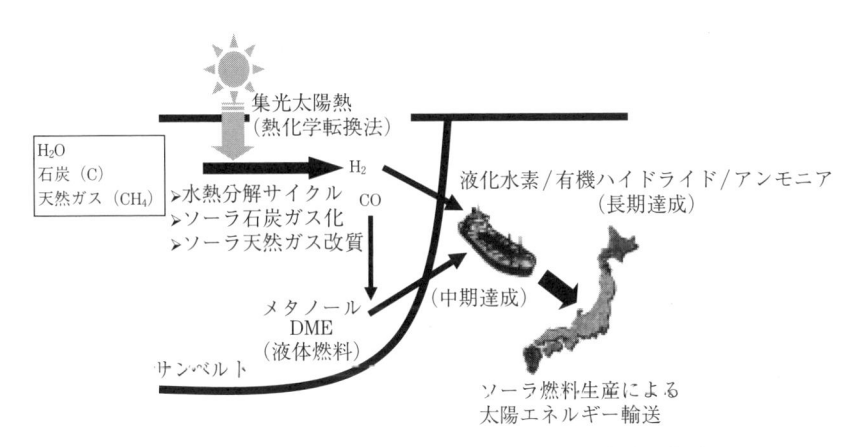

図 4.1 太陽集熱燃料化技術によるソーラ燃料の製造・輸送

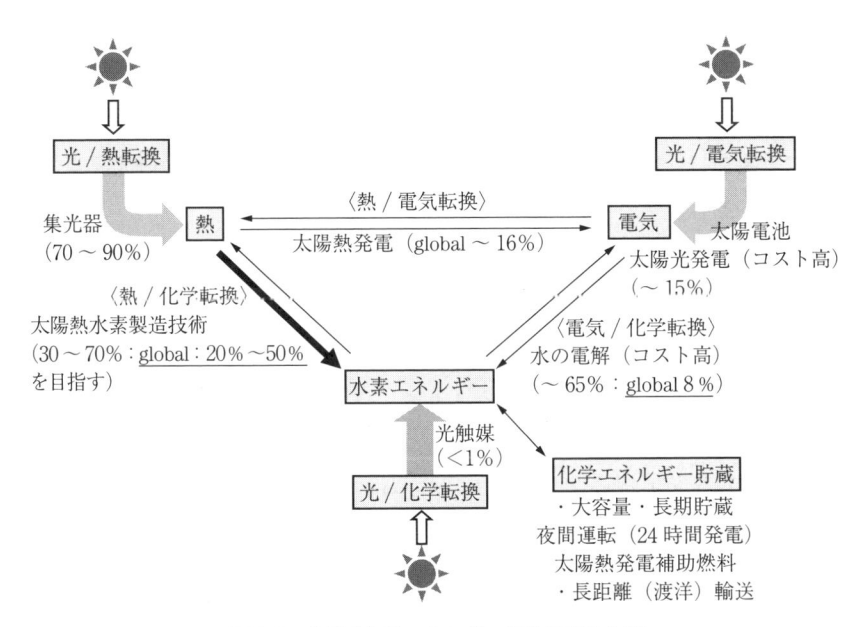

図 4.2 太陽/水素エネルギー転換効率の比較

は，太陽電池と水電解の高コストどうしの組合せとなり，経済性が低いと思われる。

一方，前章までの太陽熱発電（CSP）で得られた電気で水の電解を行う場合でも，太陽 → 水素エネルギー転換の総合効率は，約8％とほぼ同程度となる。CSPへの蓄熱システムの導入や，いまだ揺籃期の技術であるタワー型・リニア・フレネル型などの集光システムのさらなる技術革新により，発電効率の向上やCSPのコストダウンが今後見込まれるが，水電解のコストが低下しない限り，システム全体としての経済性の大幅な向上は困難である。

これに対し，太陽集熱を化学反応のプロセスヒートとして供給する熱化学転換法では，その基本原理は後述するが，水素エネルギー転換の総合効率は化学反応により異なるが，理想的には20〜50％となる。つまり，サンベルトにおけるメガワット級の太陽集熱化学転換が最も経済的で高効率なソーラ燃料（水素など）の製造法であり，今後の水素製造技術の重要な一翼を担うことが期待される。しかし，このような熱化学転換法による太陽集熱の燃料化研究は，サンベルトのような海外の豊富な太陽エネルギーを輸送し，クリーンに利用するために重要な技術であるにもかかわらず，日本国内の大学や国の研究機関ではほとんど行われていないのが現状である。

高温太陽熱の化学燃料転換プロセスの基本原理を**図**4.3に示す。化学燃料の製造においては，これまで太陽熱発電を目的に開発されてきた，高温太陽集光システムを化学反応のプロセスヒートの供給用に使用する。すなわち，高温太陽集熱を熱源とし，吸熱反応を行うことで，熱エネルギーを化学エネルギーにエネルギー転換するものである。これは，一般に熱化学転換法と呼ばれる。熱化学転換法による太陽熱燃料化のプロセスは，水の熱分解による水素製造プロセスと，高温太陽集熱を利用して天然ガスや石炭・バイオマスなどの化石燃料を熱量的にアップグレードして合成ガスに転換するハイブリッドプロセスに大きく分けられる。アップグレードとは，エネルギー転換前の原料物質の燃焼熱と比べて，吸熱反応である熱化学転換後の生成物質の燃焼熱が，熱量的に高くなることを指す。

4.1 熱化学転換法による太陽熱燃料化の重要性と原理

高温太陽集熱（800～1400℃）
吸熱反応

資源
H_2O
石炭（C）
天然ガス（CH_4）
→ 触媒 反応性セラミック → H_2 + CO →

液体水素
メタノール
ジメチルエーテル
（DME）
輸送・貯蔵
→ 高効率燃料電池など

水のソーラ熱分解 ▷ H_2O → $H_2 + \frac{1}{2}O_2$ （100%ソーラ燃料）

石炭のソーラガス化 ▷ $C + H_2O$ → $H_2 + CO$ （33%ソーラ燃料）

天然ガスのソーラ改質 ▷ $CH_4 + H_2O$ → $3H_2 + CO$ （25%ソーラ燃料）

シフト反応
$CO + H_2O →$
$H_2 + CO_2$

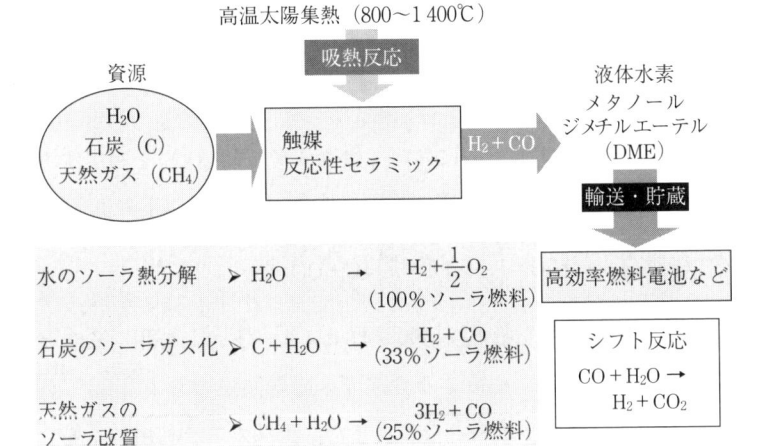

図 4.3 高温太陽熱燃料化のプロセスの基本原理

水の熱分解による水素製造プロセスとして通常，水の直接熱分解

$$H_2O \rightarrow H_2 + \frac{1}{2}O_2 \qquad (4.1)$$

が想起される。この反応には熱力学的に4000℃以上の熱を必要とする[65]が，現在の太陽集光システムでこの高温熱を得ることはできない。そこで，水熱分解反応を多段階化することで反応温度を下げる試みが，これまで当該分野で精力的に検討されてきた。水の熱分解反応の多段階化に関する研究では，時々刻々と変動する太陽熱に追随して複数の反応を連動して行うことの困難さ，反応に関与する化学種の数や安全性，生成物の分離プロセスなどが検討され，現在では，二段階反応による水の熱分解が研究開発の主流となっている。この二段階反応は一般的に，つぎのように書ける。

第一段階： $MO_{oxidized} = MO_{reduced} + O_2$ \qquad (4.2)

第二段階： $MO_{reduced} + H_2O = MO_{oxidized} + H_2$ \qquad (4.3)

この二段階反応による水の熱分解には，反応媒体として反応性セラミックを使用し，太陽集熱による高温熱還元反応と，水蒸気との反応による低温水熱分解反応を繰返すことで，水の熱分解が二段階反応で進行する。この反応プロセスでは，熱源としての高温太陽集熱と燃料ではない「水」から酸素と水素が得

られることから,「100%ソーラ燃料」とみなすことができる。また,得られた水素を液化もしくは有機ハイドライドなどに転換することで,エネルギー貯蔵と輸送が容易となる。

一方,ハイブリッドプロセスにおいて炭素資源（CH_zO_y）を利用する場合,太陽集熱によるガス化反応は,水蒸気改質の場合,一般的に以下のように表せる。

$$CH_zO_y + (1-y)H_2O = \left(\frac{1}{2}z + 1 - y\right)H_2 + CO \tag{4.4}$$

熱源として高温太陽集熱を吸熱反応のプロセスヒートとして用いることで,詳細は 4.7 節で説明するが,生成する合成ガスの総熱量のおよそ 33% が太陽熱由来のソーラハイブリッド燃料となる。また,天然ガスを利用する場合,太陽集熱による改質反応は,つぎの二つの吸熱反応が研究対象となる（詳細は 4.6 節を参照）。

$$CH_4 + H_2O(l) \rightarrow CO + 3H_2 \quad \Delta H°_{298K} = 250 \text{ kJ/mol} \tag{4.5}$$

$$CH_4 + CO_2 \rightarrow 2CO + 2H_2 \quad \Delta H°_{298K} = 247 \text{ kJ/mol} \tag{4.6}$$

生成する合成ガスの総熱量のおよそ 25% が太陽熱由来であるソーラハイブリッド燃料が得られる。ハイブリッドプロセスでは,H_2 と CO の合成ガスが得られるが,これらはシフト反応を通じてメタノールや DME などの液体燃料に容易に転換でき,エネルギー貯蔵と輸送が容易であるとともに,燃料電池などでの利用が期待される。

4.2 燃料化システムの集光系

前章までで説明したように,CSP にはパラボラ・トラフ型,リニア・フレネル型,タワー型,パラボラ・ディッシュ型という四つの代表的な技術に加え,ビームダウン型の集光系がある。化学燃料製造用の集光系としては,到達集熱温度が低くとも 800°C を超える必要があり,この観点から,パラボラ・トラフ型やリニア・フレネル型を除く,タワー型,パラボラ・ディッシュ型,ビームダウン型のいずれかを集光システムとして利用する必要がある。これら

のなかで，タワー型は集光度を高くできることから，高温が必要な燃料化システムの集光系として，近年応用が進んでいる．

一方，ビームダウン型は大型の二次反射鏡をタワー上部に置く必要があることから，発電用途としては他の集光系と比較して高コストとなることが指摘されている．しかし，地上付近で高温が得られること，焦点が太陽の位置によらず，つねに一定であることやヘリオスタットの利用効率が高いなど，タワー型にはないメリットがあることから，最近では化学燃料製造用の集光系としての応用が進んでいる．三鷹光器（株）は，東京都三鷹市にヘリオスタット70基（約 50 kW$_{th}$）による世界初の楕円反射鏡型ビームダウン集光システムを建設し（図 4.4），集光試験を実施した．この太陽集光システムは，ヘリオスタットがナノ曲面を有していることから，原理的に集光度が高くできる点で，太陽熱発電と比べてより高温が必要となる化学燃料製造用の集光系に向いている．三鷹光器（株）が開発した新型ビームダウン型太陽集光システムが，宮崎県・宮崎大学・新潟大学・三鷹光器（株）の出資により，宮崎大学に 100 kW$_{th}$ 級で建設され，現在，集光性能が検証中である．

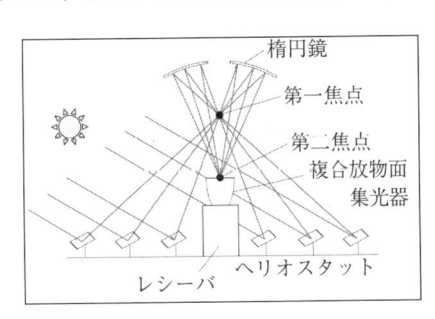

図 4.4 三鷹光器（株）が開発した楕円反射鏡による新型のビームダウン型太陽集光システム

4.3 太陽熱燃料化技術の分類

太陽熱燃料化の転換プロセスは，以下のように分類される．それぞれの技術の概念図を図 4.5 に示す．水の熱分解による水素製造プロセスはおもに，金属

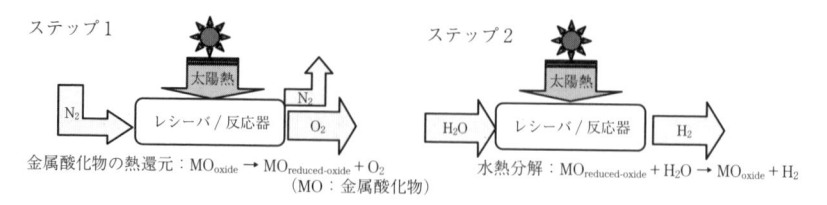

4. 太陽熱燃料化

ステップ1

金属酸化物の熱還元：$MO_{oxide} \rightarrow MO_{reduced\text{-}oxide} + O_2$
（MO：金属酸化物）

ステップ2

水熱分解：$MO_{reduced\text{-}oxide} + H_2O \rightarrow MO_{oxide} + H_2$

（a）金属酸化物によるソーラ二段階水熱分解サイクル

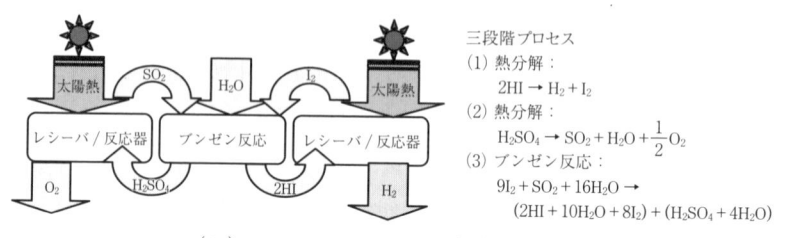

三段階プロセス
(1) 熱分解：
 $2HI \rightarrow H_2 + I_2$
(2) 熱分解：
 $H_2SO_4 \rightarrow SO_2 + H_2O + \dfrac{1}{2}O_2$
(3) ブンゼン反応：
 $9I_2 + SO_2 + 16H_2O \rightarrow$
 $(2HI + 10H_2O + 8I_2) + (H_2SO_4 + 4H_2O)$

（b）ソーラ sulfur-iodine (S-I) サイクル

二段階プロセス
熱 分 解：$H_2SO_4 \rightarrow H_2O + SO_3 \rightarrow SO_2 + \dfrac{1}{2}O_2 + H_2O$
電気分解：$2H_2O + SO_2 \rightarrow H_2SO_4 + H_2$

（c）ソーラ hybrid-sulfur サイクル

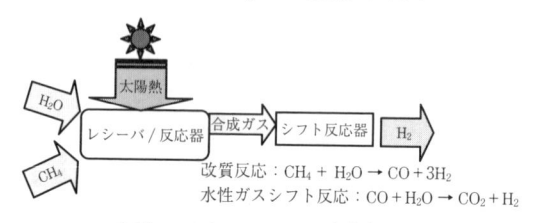

改質反応：$CH_4 + H_2O \rightarrow CO + 3H_2$
水性ガスシフト反応：$CO + H_2O \rightarrow CO_2 + H_2$

（d）メタンのソーラ水蒸気改質

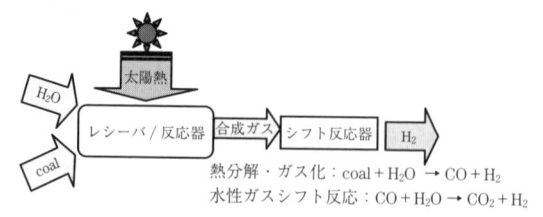

熱分解・ガス化：$coal + H_2O \rightarrow CO + H_2$
水性ガスシフト反応：$CO + H_2O \rightarrow CO_2 + H_2$

（e）ソーラ水蒸気ガス化

図 4.5　太陽熱燃料化のプロセスの概念図

酸化物による二段階水熱分解サイクル（図4.5（a））, sulfer-iodine（S-I）サイクル（図（b）），hybrid-sulfurサイクル（図（c））に分けられる。一方，化石燃料の合成ガスへのソーラハイブリッドプロセス（図（d），（e））はおもに，天然ガス（メタン）のソーラ改質法（図（d））と石炭・バイオマスのソーラガス化法（図（e））に細分化される。これらのプロセスでは共通して，太陽集光をレシーバ/反応器で受光し，太陽集光を高温熱転換する。

次節では，水素製造プロセスについて経済性評価がなされたものについて紹介する。4.5節以降では，高温太陽集熱の燃料化技術として，水熱分解サイクルによる水素製造，天然ガスのソーラ改質，石炭・バイオマスのソーラガス化技術における世界の開発の現状について紹介する。

4.4　ソーラ水素製造の経済性評価

4.4.1　CO_2フリー水素製造コストの比較

フランスのPROMES-CNRS（Le Laboratoire Procédés, Matériaux et Energie Solaire-Centre national de la recherche scientifique）によると，原子力発電による電力で水の電解を行った場合，水素の製造コストを3～5ドル/kg－H_2と試算している[66]。一方，原子力発電に代わり，太陽熱発電による電力で水の電解を行った場合，PROMES-CNRSの試算によると，水素の製造コストは，8.5～10ドル/kg－H_2[66]，IEA-SolarPACES（Solar Power And Chemical Energy System）の試算（太陽熱電力を8セント/kWhと仮定）では，6～8ドル/kg－H_2と報告している[67]。また，太陽電池により発電した電力で，水の電解を行った場合，12ドル/kg－H_2以上とIEA-SolarPACESは試算している[67]。

高温太陽熱を熱源とした水熱分解サイクルによる水素製造のコスト試算については，近年，報告例が増えてきた。2009年にドイツ航空宇宙局（DLR）が，これまでに報告された水素製造プロセスについて行ったコスト計算を以下に紹介する[68]。

DLRが開発しているHYDROSOLプロジェクト（詳細は，4.5節参照）のハ

ニカムデバイス反応器のシステムと,同じくDLRがヨーロッパHYTHEC (HYdrogen THErmochemical Cycles) プログラムで検討しているhybrid-sulfur サイクルをモデルとした試算であり,50 MW$_{th}$の集中タワー型集光システムを 用いた場合について計算している。**表4.1**に,ソーラ水素製造コストの比較を まとめた。

表4.1 ソーラ水素製造コストの比較

	製造コスト〔ユーロ/kg－H$_2$〕
ソーラ hybrid-sulfur サイクル	1.9～5.7[*1]
ソーラ sulfur-iodine サイクル	2.0～6.7[*2]
金属酸化物によるソーラ二段階熱分解サイクル	3.5～10.0[*1]
メタンのソーラ改質	1.7～2.4[*3]

*1 文献69),70)。ただし,太陽熱発電のコストを10 ct/kWh,水のコストを 1.09ユーロ/m^{3}と仮定して試算したもの。
*2 文献71),72)。実施する場所・日射や2030年までの開発費に依存する。
*3 CO_2排出コスト(排出権商取引)は含まない。原料コストは,メタン6～12 ユーロ/GJ,石炭2～7ユーロ/GJと仮定して試算したもの。

水素製造コストとして,hybrid-sulfurサイクルに対しては,1.9～5.7ユー ロ/kg－H$_2$[69),70)],金属/金属酸化物サイクルに対しては,3.5～10.0ユーロ/ kg－H$_2$[71),72)]が報告されている。また,PROMES-CNRSの試算では,55 MW$_{th}$ の集中タワー型集光システムを用いた場合について計算している。亜鉛/酸化 亜鉛サイクルの水素製造コストは,8ドル/kg－H$_2$[66)]と報告している。いずれ の水素製造プロセスにおいても,コスト削減のポテンシャルは非常に大きい。 金属酸化物サイクル(フェライトサイクル)のコスト試算には大きな幅がある が,これは鉄酸化物の価格に大きな影響を受けている。すなわち,標準的なコ スト試算シナリオでは,鉄酸化物の価格を150ユーロ/kg-ferriteと設定して おり,この価格が将来,15ユーロ/kg-ferriteに低下すると想定した場合には, ソーラ水素製造コストが3.5ユーロ/kg－H$_2$まで低下すると見積もっている。

このように,反応デバイスを含む酸化還元システムのコストが水素製造コス ト全体に与える影響は大きく,水素製造に使用する反応媒体やソーラ反応器の 低価格化が,今後重要なカギを握ると思われる。

4.4.2 天然ガスからの水素製造コスト比較

PROMES-CNRSによると,天然ガスからの水素製造コストは,天然ガス価格を4ドル/GJと仮定した場合,1ドル/kgと報告されている[66]。このルートによる水素製造コストは天然ガス価格に大きく依存する。天然ガスのソーラ改質による水素製造について,DLRによるコスト試算を紹介する[68]。

SOLASYSプロジェクト(詳細は,4.6節参照)で行われた400 kW級ボルメトリック改質器によるソーラ試験と,通常の水蒸気改質による水素製造コストを計算している。通常の水蒸気改質による水素製造コストは,1.6ユーロ/kg-H_2,一方,ソーラ改質の場合は,2.0ユーロ/kg-H_2と試算している。また,2009年のDLRによるコスト試算では,天然ガスのソーラ改質のコストは,1.7～2.4ユーロ/kg-H_2と試算されており,ソーラ改質では,6～33%ほど高くなるが,将来,天然ガス価格が増加すれば,競争できる可能性がある。

4.5 高温太陽熱水分解サイクル

4.5.1 二段階水熱分解サイクル

〔1〕 **反応媒体の開発**　現在,最も活発に開発が行なわれている水熱分解サイクルでは,反応媒体として金属酸化物である鉄酸化物(フェライト:Fe_3O_4)を用いる[65]。Fe_3O_4/FeO酸化還元系による二段階サイクルは,下記のように進行する。

$$Fe_3O_4 \rightarrow 3FeO + \frac{1}{2}O_2 \qquad \Delta H°_{298K} = 319.5 \text{ kJ/mol} \qquad (4.7)$$

$$H_2O + 3FeO \rightarrow Fe_3O_4 + H_2 \quad \Delta H°_{298K} = -33.6 \text{ kJ/mol} \qquad (4.8)$$

最初の反応ステップであるFe_3O_4の高温熱還元反応は,吸熱反応であり,二番目の反応ステップである低温水熱分解反応は,わずかに発熱を伴う反応である。酸素・水素を高温分離する必要がないことや,一段階の水の直接熱分解($H_2O \rightarrow H_2 + 1/2O_2$)と比べて,反応温度を低温化できることがおもな特徴で

ある。熱力学平衡論に基づき，その熱→水素転換のエネルギー効率の理論値を熱フローから計算すると，まったく熱回収をしない場合でも（水素のHHV[†]に基づく），理想エネルギー転換効率は36%となる。

Fe_3O_4/FeO酸化還元系の問題点は，ウスタイト（FeO）の高温融解・凝固により，反応表面積が極端に減少することである。これについては，還元相のFeOに，高融点のMO（M=Mn, Ni, Mgなど）と混合酸化物化することで，融解凝固を抑えることが期待される。筆者ら（新潟大学）は，$NiFe_2O_4$系でこの効果を実証している[65]。

上記の混合酸化物化に加えて，筆者ら（新潟大学）はフェライトを単斜晶ジルコニア（$m-ZrO_2$）粒子に分散担持して高温焼結を抑えた"ジルコニア担持フェライト"を開発し，二段階反応をサイクル化することに成功した[65]。

$$Fe_3O_4/m-ZrO_2 \rightarrow 3FeO/m-ZrO_2 + \frac{1}{2}O_2 \quad (熱還元反応：1400℃) \quad (4.9)$$

$$3FeO/m-ZrO_2 + H_2O \rightarrow Fe_3O_4/m-ZrO_2 + H_2 \quad (水熱分解反応：1000℃) \quad (4.10)$$

筆者ら（新潟大学）は，各種金属をドープした$m-ZrO_2$担持フェライトについて詳細に検討した結果，1000～1400℃において，$NiFe_2O_4/m-ZrO_2$が最も高活性・高サイクル反応性を有することを見出している[65]。

また，$m-ZrO_2$の代わりに，立方晶ジルコニア（イットリア立方晶安定化ジルコニア：YSZ）を担体にした場合，そのサイクル反応機構が大きく異なることを見出した[65]。

$$Fe^{3+}{}_xY_yZr_{1-y}O_{2-y/2+3x/2} \rightarrow Fe^{2+}{}_xY_yZr_{1-y}O_{2-y/2+x} + \frac{x}{4}O_2 \quad (4.11)$$

$$Fe^{2+}{}_xY_yZr_{1-y}O_{2-y/2+x} + \frac{x}{2}H_2O \rightarrow Fe^{3+}{}_xY_yZr_{1-y}O_{2-y/2+3x/2} + \frac{x}{2}H_2 \quad (4.12)$$

この反応系では，フェライトの鉄イオンが高融点のYSZ粒子の結晶格子中に溶解したまま二段階反応が進むため，サイクル反応ではYSZ格子中におけ

[†] 25℃時の高位発熱量基準。水素の燃焼熱（発熱量）に，生成された水蒸気の凝縮熱（蒸発潜熱）を含む値。

る $Fe^{2+} \Leftrightarrow Fe^{3+}$ 転移で二段階水熱分解反応が繰返し進行する。この反応系は，鉄酸化物の融解凝固のない新しい反応系として注目されている。

Zn/ZnO系を用いた亜鉛プロセスも鉄酸化物プロセスとともに，二段階水熱分解サイクルの有力候補として，スイスのPaul Scherrer Institute（PSI）国立研究所の研究グループを中心に研究開発が精力的に進められている[65]。

$$ZnO(s) \rightarrow Zn(g) + \frac{1}{2}O_2 \qquad \Delta H°_{298K} = 479 \text{ kJ/mol} \qquad (4.13)$$

$$Zn(g) + H_2O(g) \rightarrow ZnO(s) + H_2 \quad \Delta H°_{298K} = -273 \text{ kJ/mol} \qquad (4.14)$$

このプロセスは，エネルギー損失が大きい点や酸化亜鉛が反応器壁に堆積する点，酸化亜鉛粉末をフィルタで回収する方法などの問題点が多く，これらが大型化の際に障害となることが指摘されている。

最近では，セリウム酸化物による二段階サイクルが注目を集めている[65]。

$$2CeO_2(s) \rightarrow Ce_2O_3(s) + \frac{1}{2}O_2 \qquad \Delta H°_{298K} = 381 \text{ kJ/mol} \qquad (4.15)$$

$$Ce_2O_3(s) + H_2O(g) \rightarrow 2CeO_2(s) + H_2 \quad \Delta H°_{298K} = -139 \text{ kJ/mol} \quad (4.16)$$

セリウム系は，フェライト系よりも低温水分解の反応性は高い（水分解反応：400〜600℃）が，熱還元に対する反応性が低いことから，1 500℃以上の高温域での使用が有効な反応媒体として，世界のソーラ水素関連の研究者により研究開発が急速に進んでいる。

〔2〕 ソーラ反応器の開発　太陽集光を熱源にして，1 400℃付近の高温を得るには，集光を反応粒子に直接照射する方法が有効である。この観点から，各国で種々の石英窓型ソーラ反応器が提案され，実証試験が進んでいる[65]。

1） ハニカム反応デバイス型ソーラ反応器　これまで行われたなかで，最も大型の水熱分解ソーラ反応器試験は，EUの国際プロジェクトHYDROSOLによるものである。HYDROSOLプロジェクトでは，ドイツのDLR，スペインのCIEMAT-PSAなどの国立研究所と欧州の民間企業が連携し，ハニカム反応デバイスを用いたソーラ反応器を開発し，ソーラ試験している（**図4.6**）。ハ

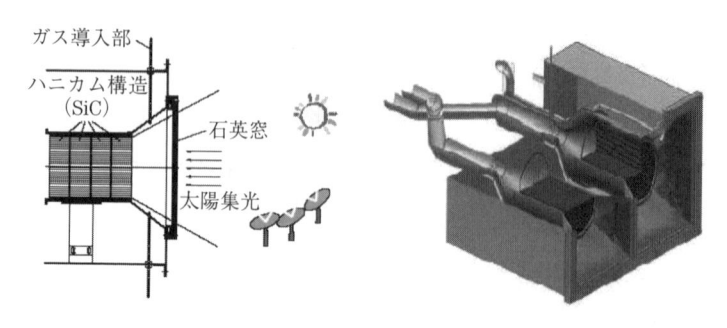

図4.6 HYDROSOL プロジェクトのハニカム反応デバイス型ソーラ反応器[73]

ニカム構造の SiC セラミックに，反応体としてフェライト粒子を担持したものを反応デバイスとして用いる。これに石英窓を通して太陽集光を直接照射し，N_2 雰囲気で1 200〜1 300℃加熱により熱還元ステップを行う。その後，水蒸気を流通し，水熱分解ステップを行う。水熱分解ステップは熱還元ステップよりも低温で進行するため，各ステップで入射エネルギー量を調節し，デバイスの温度制御を行う。

　HYDROSOL の後継プロジェクトである HYDROSOL II プロジェクトでは，二つの反応器を用いて連続的に二段階反応を行う仕組みが取り入れられ，連続的なソーラ水素製造が試験された。100 kW$_{th}$[†]プロトタイプ反応器がスペインのアルメリアの CIEMAT-PSA（図4.7）に建設され，集中タワー型集光システム上でソーラ試験（図4.8）された。現在，その経済性評価が行われている。

　2） 発泡体反応デバイス型ソーラ反応器　筆者ら（新潟大学）は，セラミック発泡体を反応デバイスとするソーラ反応器を，韓国のインハ大学と共同開発し，韓国の仁川（インチョン）でソーラ試験を行っている（図4.9）。セラミック発泡体は，ハニカムと比べて高表面積を有するため，より多くの反応体を担持でき，さらに大きな受光面積を有することから，太陽集光の高効率吸収が期待できる。

　筆者らは，$NiFe_2O_4/m\text{-}ZrO_2$ を Mg 部分安定化ジルコニア発泡体（MPSZ）に担持した，3 cm 径の小型デバイスをラボスケールで1 kW ソーラシミュレー

[†] 熱出力容量の単位。Watt-thermal の略。

図 4.7 スペインの CIEMAT-PSA でのハニカム
反応デバイス型反応器のソーラ試験[73]

タによる照射試験を行った。二段階反応を 1 100 ～ 1 500℃で 20 サイクル行い，水素の繰返し生成に成功した。現在，デバイス直径を 8 cm とし，5 kW$_{th}$ ディッシュ型太陽集光器によるソーラ反応器を韓国インハ大学と共同で開発し，仁川でソーラ試験を共同で実施している（**図 4.10**）。これまで，NiFe$_2$O$_4$/m-ZrO$_2$/MPSZ 発泡体反応デバイスの 5 kW ソーラ試験では，5 サイクル連続の水素発生に成功している[74]。

3） ロータリー型ソーラ反応器　東工大の研究グループは，Ni-Mn フェライトなどを反応体とするロータリー型ソーラ反応器を開発している（**図 4.11**）[75]。

この反応器は，二つの異なる反応室を持ち，一方で熱還元ステップ，またもう一方で水熱分解ステップを行うことで，酸素と水素を別々に発生させる特徴を持っている。

4） 回転リング型ソーラ反応器　米国は，サンディア国立研究所（SNL）が回転リング型のソーラ反応器（Counter-Rotating-Ring-Receiver/Reactor/Recuperator, CR5）を開発している[65]（**図 4.12**）。これは，フェライト - ジルコニアの三次元網目構造のリング状焼結体が，セラミックの円盤の外周部に取り付けられたものであり，円盤が回転することで反応器上部の熱還元反応室と

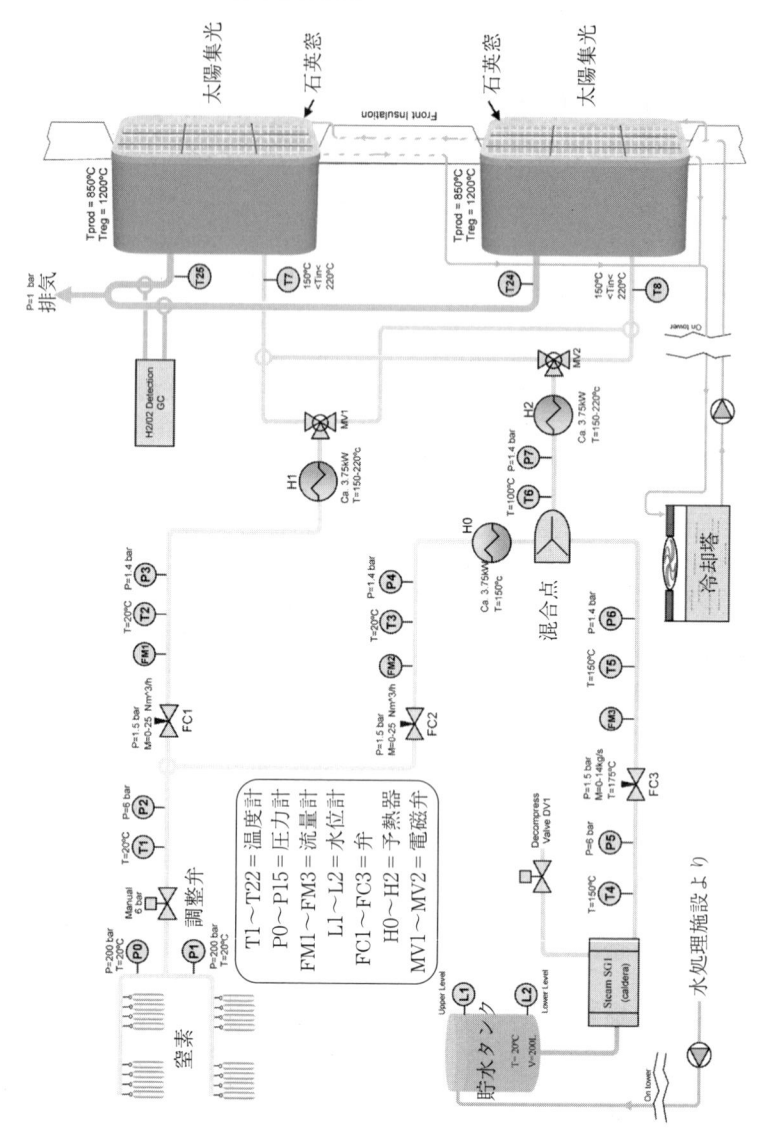

図 4.8 HYDROSOL プロジェクトにおけるプラント配置図[73]

4.5 高温太陽熱水分解サイクル

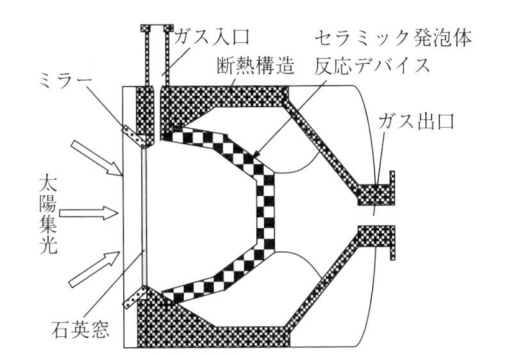

図4.9 発泡体反応デバイス型ソーラ反応器

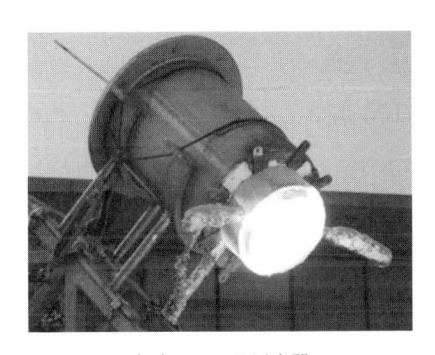

(a) ソーラ反応器　　(b) 5 kW$_{th}$ ディッシュ型太陽集光器

図4.10 発泡体反応デバイス型ソーラ反応器のソーラ試験

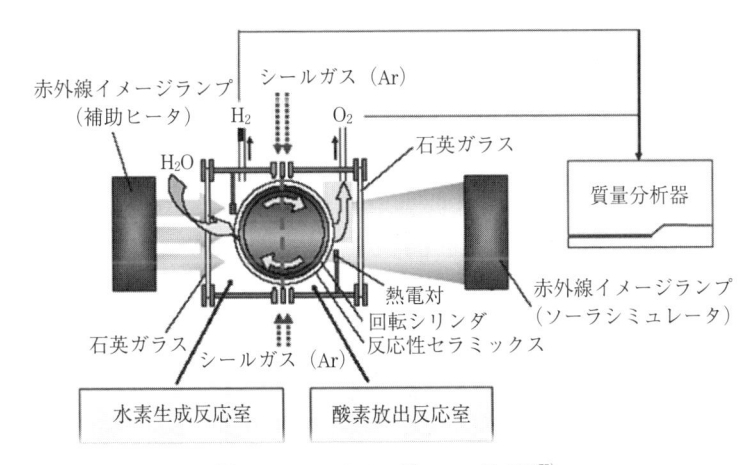

図4.11 ロータリー型ソーラ反応器[75]

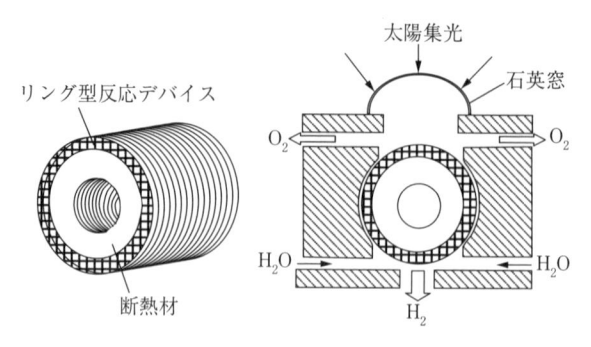

図 4.12 回転リング型ソーラ反応器

下部の水分解反応室をフェライト–ジルコニア焼結体が通過して二段階反応を行うものである。画期的な特徴は，多層に積み重なった円盤が，たがいに逆方向に回転することで，両リング間で熱交換を行いエネルギー効率を上げる点である。

SNL において，$16\,\mathrm{kW_{th}}$ のディッシュ集光器によるソーラ試験が行われている。現在は，米国エネルギー省のプロジェクト Sunshine to Petrol Project (S2P) として，H_2O と CO_2 を原料に，CR5 で H_2 と CO を合成し，メタノールなどの液体燃料の生産を目指す研究開発も進行している。

5) 焼結体反応デバイス型ソーラ反応器　最近の報告では，カリフォルニア工科大学の研究グループが，セリウム酸化物（CeO_2）の円筒形焼結体を反応デバイスとする石英窓型ソーラ反応器（**図 4.13**）を提案・開発した[76]。この反応器では，太陽集光は石英窓を通じて入射し，反応器内に設置された複合放物面集光器（compound parabolic concentrator, CPC）で集光度が上げられ，CPC 下部にある円筒形に成型した CeO_2 焼結体を照射加熱する。そして，円筒形の CeO_2 焼結体の外側から内部に向けて Ar ガスの流通により熱還元反応を行い，流通ガスを水蒸気/Ar 混合ガスもしくは CO_2/Ar 混合ガスに切り替えることで，水分解もしくは CO_2 分解を行う。水蒸気および CO_2 の二段階反応を 500 サイクル以上実証し，太陽–化学エネルギー転換効率（HHV 基準）0.4% を報告している。

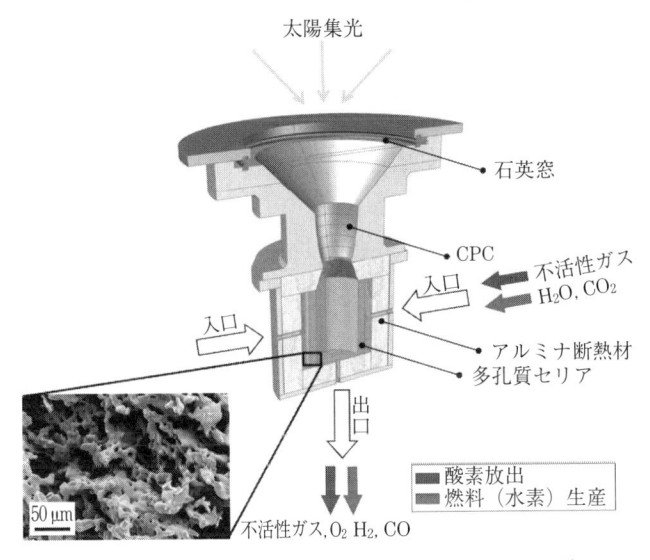

図4.13 焼結体反応デバイス型ソーラ反応器[76]

6) 内循環流動層型ソーラ反応器　反応デバイス型ソーラ水熱分解器が各研究機関で開発されているが，この方式の弱点は，反応デバイスに搭載できる金属酸化物の量が制限され，サイクル当りの水素製造量が限られるという点である。したがって，水素を大量製造するには，サイクル数を高める必要があり，反応デバイスには非常に高速の反応速度が要求される。また，数メガワット以下に大型化するには，複数のソーラ反応器を連結し，全体として大型のソーラ反応器として機能させる"クラスター化"を行う必要があるという難しさがある。

これに対し筆者ら（新潟大学）は，ビームダウン型集光システムとの組合せを想定した，反応粒子の内循環流動層によるソーラ反応器を開発している（**図4.14**）。ビームダウン型集光システムの利点は，地上付近で高温の太陽集熱が得られるため，反応器の大型化に有利なことである。

このソーラ反応器では，円筒形のステンレス製反応器の上部に石英窓が設置され，石英窓を通して太陽集光が反応粒子の流動層を直接照射して加熱する。反応器内部にはドラフト管が設置され，ガスを反応器下部からドラフト管内と

138   4. 太陽熱燃料化

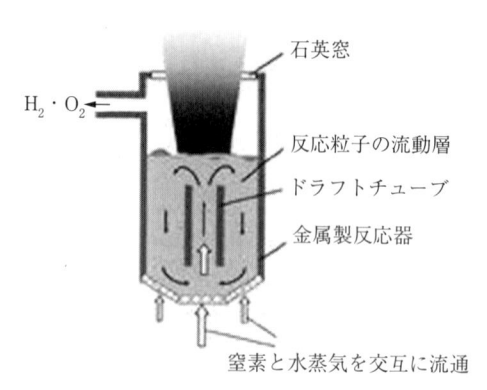

図4.14 内循環流動層型ソーラ反応器

アニュラス部に異なる流速で流通することで反応粒子を内循環流動させる。固体粒子の内循環流動により，太陽熱が流動層上部から下部に円滑に伝えられ，流動層全体がより高温になることが期待される。

すでにこれまでに，$NiFe_2O_4/m-ZrO_2$ や非担持 $NiFe_2O_4$ などの反応粒子で，$3 \sim 5 kW_{th}$ サンシミュレータを用いて小型の流動層反応器の性能試験がラボスケールで行われた。流通ガスを，窒素 → 水蒸気に切り替えることによる反応温度・流通ガス切替え方式で，二段階水熱分解の連続反応に成功し，1 l 程度の水素発生が報告された[77]。

最近筆者ら（新潟大学）は，この反応器システムをさらに発展させ，内循環流動層の上部と下部に形成する流動層の温度差を利用して，二段階反応を一段階プロセス化することに成功し，この反応器技術の国内特許および国際特許を出願した[78]。この反応器技術は，二段階反応の反応温度や流通ガスの切替えを必要としないことから，反応器の運転効率の向上や反応器運転が単純化され，また，常時100％の太陽エネルギーを効率良く使用できる点や，反応器内での熱回収により，エネルギー転換効率の大幅な向上が期待できる。

4.5.2 Sulfur-Iodine (S-I) サイクル[65]

　反応温度を1000℃以下にするには，反応を三段階以上のステップに分けることが必要である。1000℃以下で進行する多段階水分解サイクルのほとんどは，高温ガス化炉（HTGR）を熱源として利用するために開発されてきた。現在でも，国内外で活発に研究開発が行われているsulfur familyサイクルのなかで，核熱利用用として最も活発に開発が行われているのは，Sulfur-Iodine (S-I) サイクルである。

$$H_2SO_4 \rightarrow H_2O + SO_2 + \frac{1}{2}O_2 \quad \Delta H = 371 \text{ kJ/mol at } 900℃ \quad (4.17)$$

$$2H_2O + xI_2 + SO_2 \rightarrow H_2SO_4 + 2HI_x \quad \text{at } 100℃ \quad (4.18)$$

$$2HI_x \rightarrow H_2 + xI_2 \quad \text{at } 300 \sim 500℃ \quad (4.19)$$

このサイクルは「GAプロセス」とも呼ばれる。一段目の硫酸の分解には，反応器材料の問題がある。二段目の反応は，ブンゼン反応と呼ばれる。三段目の反応は，ブンゼン反応後の溶液からのHIの分離と，H_2とI_2への分解であるが，技術的・経済的な課題が多い。

　Sulfur-Iodine (S-I) サイクルは，ヨーロッパでは，2004年からHYTHEC (HYdrogen THErmochemical Cycles) プログラムで核熱利用に国際共同研究されている。一方，米国でも核熱用として，米国エネルギー省（DOE）が原子力水素イニシアチブ（Nuclear Hydrogen Initiative, NHI）でフランスと共同で研究開発を行っている。

　さらに，SNLが硫酸分解ステップ，フランス原子力庁（CEA）が，ブンゼン反応ステップ，米ゼネラル・アトミックス（GA）社が，HI分解ステップの開発をそれぞれ行っている。日本では，日本原子力研究開発機構（JAEA）が，優れた研究成果を挙げている。

4.5.3 Hybrid-sulfur サイクル[65]

　太陽熱による水分解法としては，硫酸の熱分解と電気化学プロセス

$$H_2SO_4 \rightarrow H_2O + SO_2 + \frac{1}{2}O_2 \quad \Delta H = 371 \text{ kJ/mol at } 900°C \quad (4.17)$$

$$2H_2O + SO_2 \rightarrow H_2SO_4 + H_2 \quad \text{at } 80°C \quad \text{電気分解} \quad (4.20)$$

を組み合わせた"ハイブリッド"二段階サイクルが検討されている。一般に，ウエスチングハウスサイクルと呼ばれるが，最近では Hybrid-sulfur サイクルと呼ばれることが多くなった。ヨーロッパでは，HYTHEC プログラムで，米国では，DOE の NHI の一部として，Sulfur-Iodine（S-I）サイクルとの抱き合わせで研究開発が行われている。上記の電気化学プロセスでは，電極材料の耐久性，エネルギー効率の低さなどに課題がある。

4.6 天然ガス・バイオガスのソーラ改質

天然ガス（メタン）のソーラ改質法における重要な化学反応は，つぎの二つの吸熱反応である。

$$CH_4 + H_2O(l) \rightarrow CO + 3H_2 \quad \Delta H°_{298K} = 250 \text{ kJ/mol} \quad (4.5)$$

$$CH_4 + CO_2 \rightarrow 2CO + 2H_2 \quad \Delta H°_{298K} = 247 \text{ kJ/mol} \quad (4.6)$$

ソーラ改質法は，吸熱反応のプロセスヒートを 800～1 000℃の高温太陽集熱で供給し，原料メタンを熱量的にアップグレードして，H_2 と CO からなる合成ガスに転換するプロセスである[64]。ここでのアップグレードとは，原料メタンの燃焼熱量と比べて，生成ガスである合成ガスの燃焼熱がどの程度熱量が増加したかを表すものである。メタンのソーラ改質では，理論的に～28％のアップグレードが可能であり，得られた合成ガスをさらに水性ガスシフト反応

$$CO + H_2O(g) \rightarrow CO_2 + H_2 \quad \Delta H°_{298K} = -41 \text{ kJ/mol} \quad (4.21)$$

で，すべて水素に転換すると，原料メタンを熱量的に 19％アップグレードできる。

4.6.1 熱交換型（間接加熱型）チューブラ改質器

これまで開発されたソーラ改質器は，三つに分類される（**図 4.15**）[64]。

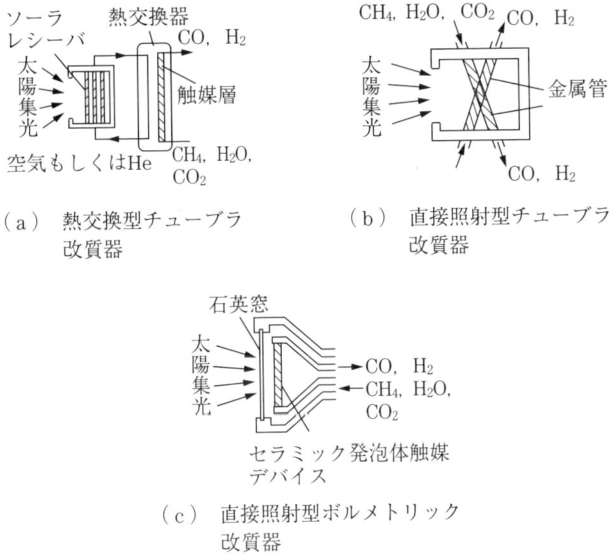

4.6 天然ガス・バイオガスのソーラ改質　141

（a）熱交換型チューブラ改質器

（b）直接照射型チューブラ改質器

（c）直接照射型ボルメトリック改質器

図 4.15　天然ガス（メタン）のソーラ改質用のソーラ改質器

熱交換型チューブラ改質器（図（a））は，間接加熱型と呼ばれる方式で，1991～1992年にASTERIX（Advanced Steam Reforming of Methane in Heat Exchange）プロジェクトで試験された。間接加熱型なため熱損失が大きく，本プロジェクト後，開発が停止している。

4.6.2　直接照射型チューブラ改質器

直接照射型チューブラ改質器（図4.15（b））は，キャビティ受光器内部に，改質触媒を充填した金属製の改質反応管を配置し，太陽集光を直接照射するもので，イスラエルのワイツマン研究所（WIS）が設計した[64]。これは480 kW級改質器であり，反応管内部にはルテニウム触媒が使用され，ソーラ試験が行われた。

最近，オーストラリアの国立研究所（CSIRO）は，コイル状のチューブラ改質器を新たに設計し，ディッシュ型集光システムでソーラ試験を行っている[79]（図4.16）。シングルコイルによるチューブラ改質器は，25 kW級改質器で水

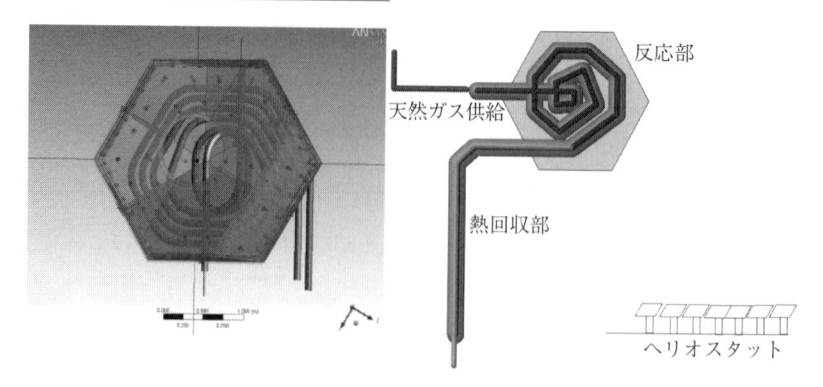

図 4.16 オーストラリアの国立研究所（CSIRO）の
チューブラコイル型改質器[79]

蒸気改質用として設計され，圧力 2 MPa，温度 800℃ で 1999 年にソーラ試験が行われた。その後，2009 年に二重コイルによるチューブラ改質器として 200 kW 級に大型化され，圧力 1 MPa，温度 850℃ で，500 kW 級のタワー型太陽集光器で試験が計画された。

一方，筆者ら（新潟大学）は，顕熱・潜熱の大きい溶融炭酸塩を高温蓄熱体として導入した二重管構造の新規ソーラ改質管を考案し，その性能を検討している。改質管内の触媒管周辺の高温蓄熱体を配していることが本改質管の特徴であり，日射の急激な変動下でも溶融塩蓄熱体からの潜熱・顕熱の放出により触媒の温度低下を抑え，反応を短時間維持できる仕組みである。これにより，日射の急激な変動下でも安定した改質反応が行え，改質ガスの組成や出力の変動を大幅に緩和し，改質ガスをそのまま燃料電池やシフト反応器に利用することが期待される。特に，溶融塩/MgO コンポジット体が，熱伝導性と蓄熱容量に優れた高温蓄熱体であることを見出している[80]。

4.6.3 直接照射型ボルメトリック改質器

直接照射型ボルメトリック改質器（図 4.15 (c)）は，改質器前面に透明な石英製の窓を持ち，改質器内部に触媒を担持したセラミック発泡体レシーバが設置されている。反応ガスを触媒を担持したセラミック発泡体レシーバに流通

しながら，石英窓を通して太陽集光を直接照射加熱することで改質反応を行う。太陽集光で直接加熱するため，触媒担持の発泡体レシーバを900℃以上に急速加熱でき，雲が比較的頻繁に通過する日射条件下でも日射変動に迅速に追随でき，再昇温時間を短縮して運転効率を高められる利点がある。また，熱損失が少なく，他のソーラ改質器と比べてエネルギー効率が高いことが特徴である。

米国のSNLとドイツのDLRが行ったCAESAR（Catalytically Enhanced Solar Absorption Receiver）プロジェクトでは，ロジウム触媒担持のアルミナ発泡体をレシーバとして150 kW級ボルメトリック改質器に設置し，ディッシュ型集光器によりCO_2改質がソーラ試験された。第二世代のボルメトリック改質器は，イスラエルのWISとドイツのDLRがSCR（Solar Chemical Receiver-Reactor）プロジェクトでソーラ試験が行われた。ロジウム触媒担持のアルミナ発泡体とSiC発泡体をそれぞれレシーバとして，300 kW級のボルメトリック改質器によりCO_2改質のソーラ試験が行われた。このプロジェクトでは，ドーム形状の石英窓が導入され，セラミック発泡体レシーバもドーム状に組み立てられ，レシーバ上の太陽集光のエネルギー分布が均一になるように工夫された。近年では，WISとDLRは，SOLASYS（Solar Assisted Fuel Driven Power System）プロジェクトとして，ターゲットを水蒸気改質に変え，400 kW級のボルメトリック改質器をソーラ試験した[81]（**図4.17**）。改質器前面の開口部に二次集光器（CPC）を設置してパワーを上げ，高圧下～10^6 Pa程度（～10 bar程度）で反応を行えるよう改良された。

これに対し筆者ら（新潟大学）は，従来のRh/γ-Al_2O_3触媒担持SiCデバイスに代わる高温ソーラ改質用触媒デバイスとして，安価なNi系触媒による，高温安定性に優れたソーラ改質用触媒デバイスの開発を行っている。Ni-Mg-O触媒またはNi/MgO-Al_2O_3触媒をSiC発泡体に担持した新規触媒デバイス（Ni-Mg-O/SiC，Ni/MgO-Al_2O_3/SiC）であり，サンシミュレータによる光照射でメタンのCO_2改質の活性試験を行っている。従来のRh/γ-Al_2O_3触媒担持SiCデバイスには及ばないが，高活性・熱耐久性が得られている[82]。また，比較的

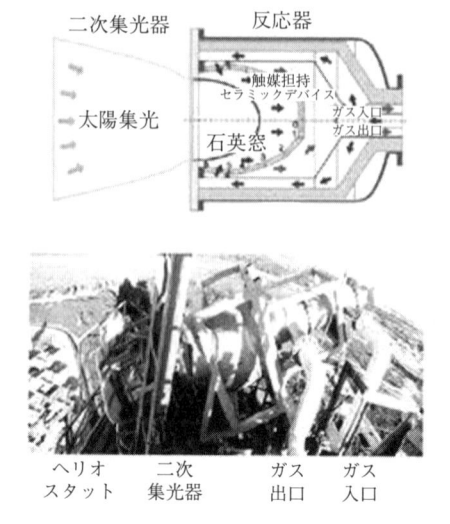

図 4.17 SOLASYS プロジェクトでソーラ試験された 400 kW 級ボルメトリック改質器[81]

低温での使用を目的に熱伝導性と成形性に優れた金属発泡体を基盤とした低温ソーラ改質用触媒デバイスの開発を進めている。Ni-Cr-Al 合金発泡体に安価な Ru 触媒を担持した触媒デバイスであり, 600 〜 900℃での反応速度の解析を進めている。

4.7 炭素資源(石炭・バイオマス・コークスなど)のソーラガス化

石炭のガス化に太陽集熱をプロセスヒートとして使用した場合, まず, 石炭の熱分解が生じる。この反応は 1 000℃以下で進行するが, この反応の吸熱量は小さく, 高温太陽熱の化学燃料転換技術として期待できない。期待できるのは, 固定炭素成分のガス化プロセスであり, 重要な化学反応は下記の二つの吸熱反応である。

$$C + H_2O(l) \rightarrow CO + H_2 \quad \Delta H°_{298K} = 175 \text{ kJ/mol} \quad (4.22)$$

$$C + CO_2 \rightarrow 2CO \quad \Delta H°_{298K} = 172 \text{ kJ/mol} \quad (4.23)$$

ソーラガス化法は, この反応のプロセスヒートを高温太陽集熱で供給するこ

4.7 炭素資源（石炭・バイオマス・コークスなど）のソーラガス化

とで，原料炭素を熱量的に44～45％アップグレードしてCOや合成ガスに転換するものである[64)]。ここでのアップグレードとは，原料炭素の燃焼熱量と比べて，生成ガスである合成ガスもしくは水素の燃焼熱がどの程度熱量が増加したかを表すものである。ソーラガス化で得られた合成ガスは，さらに水性ガスシフト反応で水素に転換できる。

石炭のガス化については，1 000℃以上の反応温度を達成する必要があり，これを太陽集熱だけで達成するには直接照射型のソーラガス化反応器が有効である。これまでに開発されたソーラガス化反応器を図4.18に示す。

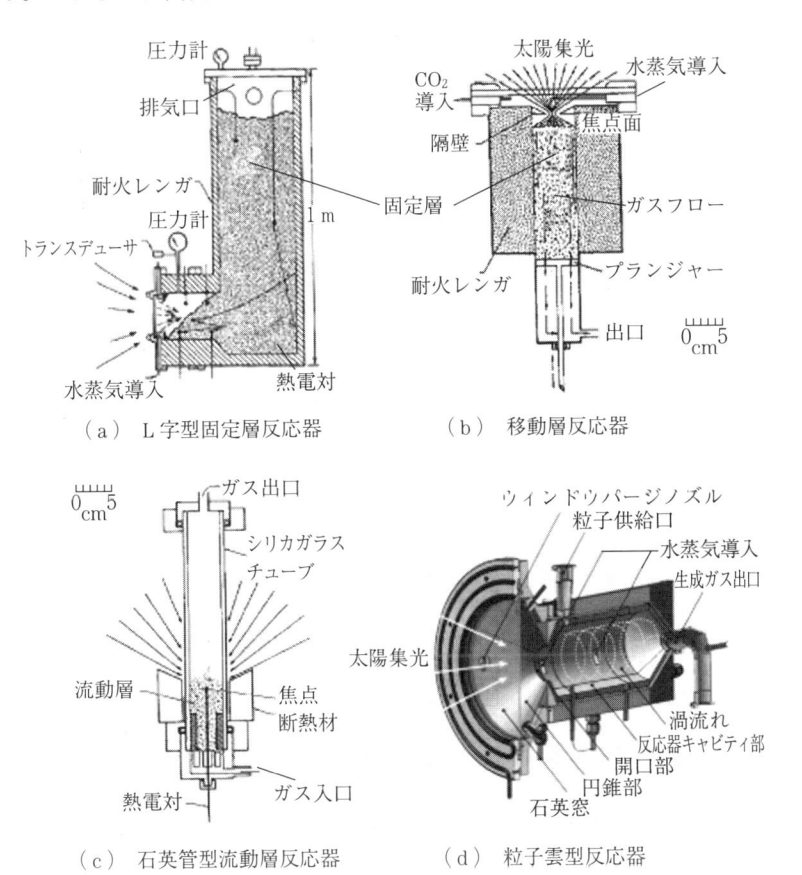

図4.18 これまでに開発されたソーラガス化反応器[83)～85)]

(a) L字型固定層反応器
(b) 移動層反応器
(c) 石英管型流動層反応器
(d) 粒子雲型反応器

146   4. 太陽熱燃料化

　1980年にGreggらは，石英窓を持つL字型固定層反応器を開発した（図（a））[83]。23 kW太陽炉を使用して太陽集光を，石英窓を通して石炭の固定層に直接照射して15 kWソーラガス化試験を行い，照射した太陽エネルギーの40％が化学エネルギーに転換された。しかし，固定層ガス化では太陽集光の照射部のみが局所的に加熱されるため，石炭層全体の温度が十分に上がらず，反応速度を上げるのに限界がある。

　またTaylorらは，図（b）に示した移動層反応器および図（c）の石英管型流動層反応器をソーラ試験した[84]。流動層のソーラガス化に関しては，石英管による小型ソーラ反応器による1～2 kW級の水蒸気・CO_2ガス化であり，機械的強度の点で大型実用化が困難である。

　さらにZ'Graggenらは，金属製の石英窓型反応器として粒子雲型ソーラガス化用に5 kW反応器を開発し，ペットコークスのガス化をソーラ試験した（図（d））[85]。しかし，このガス化反応器は，ペットコークスと水を混合したスラリーを反応器内で旋回させることで，水蒸気とペットコークス粒子の"粒子雲"を形成させ，太陽集光照射によりガス化を行うソーラ反応器である。この反応器は"粒子雲"を形成させるためのガス流量が大きく，エネルギー消費の点で不利と考えられる。また，石炭やバイオマスを炭素資源として利用した場合，反応器の構造から反応器内へ灰分（アッシュ）が残留すると考えられる。

　最近行われた石炭ガス化に関する国際プロジェクトには，スペインのCIEMAT-PSA，スイスのETH/PSI，ベネズエラのPDVSAが実施したSYNPET（Hydrogen Production by Steam Gasification of Pet coke）プロジェクトがある[86]。重質原油由来のペットコークスの水蒸気ガス化がパイロット試験として行われた（**図4.19**）[73]。スペインのアルメリアのCIEMAT-PSAにあるタワー型集光システムSSPS-CRS（small solar powersystems-central receiver system）の施設に500 kW級ソーラ反応器（**図4.20**）が建設され，ソーラ試験が実施された。

　これに対し筆者ら（新潟大学）は，石炭コークスによる流動層ソーラガス化反応器を開発している[87]～[89]。ビームダウン型集光システムと組み合わせるこ

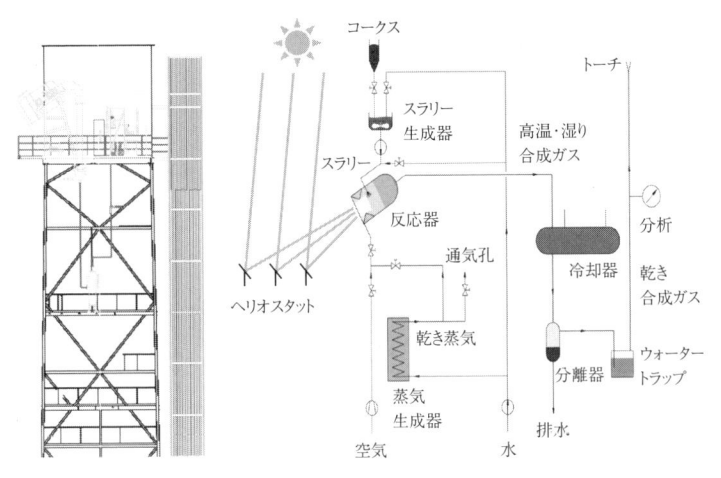

4.7 炭素資源（石炭・バイオマス・コークスなど）のソーラガス化

図 4.19 スペインの CIEMA-PSA に建設された
ソーラガス化プラントのレイアウト[73]

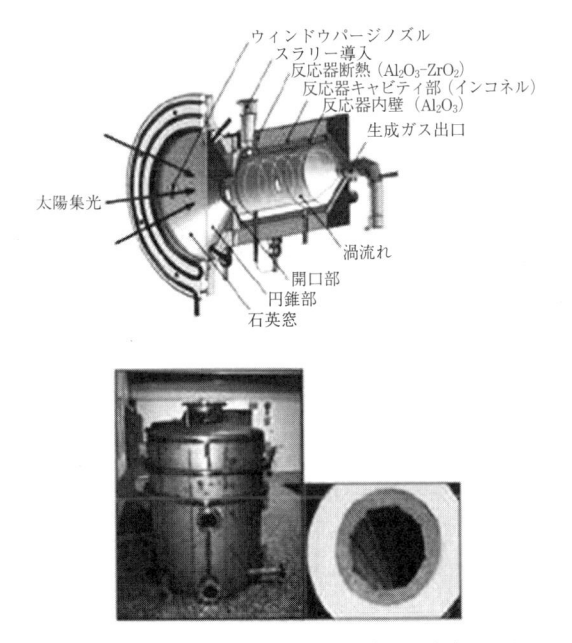

図 4.20 SYNPET プロジェクトでソーラ試験された
500 kW 級ソーラガス化反応器[73]

とを想定し，ステンレス製反応器の上部に設置された透明な石英窓を通して，太陽集光を石炭コークス粒子の流動層に直接照射するガス化反応器である。石炭コークスは，石油コークスと比べ，ガス化によって，より多くの灰分（アッシュ）を生成するため，これがソーラガス化の際の障害となる。流動層ソーラガス化反応器では，比較的軽量のフライアッシュを反応器出口で生成ガスと分離回収し，流動層内に残留する溶融した灰分は，反応器底部から抜き取ることが構造上可能となる。現在，石炭コークス内循環流動層の CO_2（または水蒸気）ガス化反応試験を $3\,kW_{th}$ サンシミュレータにより，ラボスケールで照射試験を行っている。流動層ガス化実験ではドラフトチューブを設けない通常の流動層と比べて，内循環流動層は集光照射により発生した熱が流動層上部から下部に円滑に伝えられ，流動層内をより高温かつ均一温度になることを実証している。

5 集光型太陽熱発電と太陽熱燃料化の将来性

　人類は，一次エネルギー源の大部分を化石燃料である石炭・石油・天然ガスなどのストックに依存しているが，持続可能性を考慮すると，これは非常に憂慮すべき問題である。世界的な人口増加や1人当りGDPの伸び率の高さを考えると，今後世界のエネルギー需要は急増することが確実であり，ストックの利用を未来永劫続けることは不可能になるであろう。このような状況では再生可能エネルギーの地位が今後ますます高まるに違いない。再生可能エネルギーのなかでも，太陽エネルギーはフローとして，地球外から供給される唯一の一次エネルギー源である。したがって，持続可能な社会を目指すうえでは，太陽エネルギーの活用が欠くことができないものになるであろう。

　太陽エネルギーの量は莫大であり，1年間に地球上に降り注ぐ量は，およそ5.5×10^{24} Jであり，これは，人類の一次エネルギー供給量の1万倍以上に達している。このように莫大なエネルギー量の太陽エネルギーであるが，これをそのまま利用できるのは，昼間太陽が照っている間だけであり，曇りや夜間には利用不可能である。加えて，太陽エネルギーはエネルギー密度が低く，エネルギー密度を高めて高効率で利用するためには集光が欠かせない。これが集光型太陽熱発電（CSP）および集光型太陽熱利用である。

　CSPは世界の発電需要を十分にまかなえる莫大なポテンシャルを有し，クリーンな電力供給が可能なことから，地球温暖化抑制技術の切り札の一つとされている。しかし，その発電量および発電コストは太陽光のなかの「直達光」の量に依存するため，商業運転が可能な地域は，北アフリカ，米国南西部，

オーストラリアなどのようなサンベルト地帯に限られる。これらの地域では少なくとも直達日射量が年間 $1\,800\,kWh/m^2$ 以上あるが，日本では条件の良いところでも直達日射量は高々年間 $1\,500\,kWh/m^2$ である。これは，日本の場合，空気中の水分量が多く，太陽光は空気中の粒子によって散乱されやすく，散乱光が多いためである。このような地域には，散乱光でも発電が可能な PV（太陽光発電）のほうが適している。一方，CSP の場合には熱慣性や機械的慣性力，さらには蓄熱を使用し安定的な電力供給の平準化が可能であり，これが PV にはない特徴である。また，蓄熱や化石燃料の燃焼と組み合わせたハイブリッドシステムの導入により，比較的低コストで曇りがちの日や夜間でも電力供給が可能である。

　集光・集熱方法には，パラボラ・トラフ型，リニア・フレネル型，タワー型，パラボラ・ディッシュ型という四つの代表的な技術に加え，タワー型とそのバリエーションであるビームダウン型がある。これらのなかでパラボラ・トラフ型は 1985 年から商業発電を続けており，CSP のなかでも最も成熟した技術であるが，他はまだ揺籃期にある。パラボラ・トラフ型を基準として考えると，リニア・フレネル型は設備費が低く，低発電コストが可能になると考えられる。タワー型は集光度が高いことから，高効率発電や高温を目指す用途への応用が期待される。パラボラ・ディッシュ型は集光度が 4 種類の技術のなかで最も高く，高効率の発電が可能である。小型でモジュール性が高いことから，島しょ部などの用途に向いている。また，上述の四つの技術に加え，タワー型のバリエーションとしてビームダウン方式がある。ビームダウン方式では，タワー型と異なり，高温が得られるレシーバが地上付近にあることから，ソーラフューエルなどへの応用が期待される。

　このようなコレクタで得られた高温の太陽熱は，CSP として注目されている発電だけではなく，さまざまな利用方法が考えられる。図 5.1 は集光型太陽熱利用について，集光・集熱方法，エネルギー転換・利用技術およびそれらによってもたらせる製品をまとめたものである。

　左の列にある集光・集熱技術としては，集光度が比較的低く中温の熱供給が

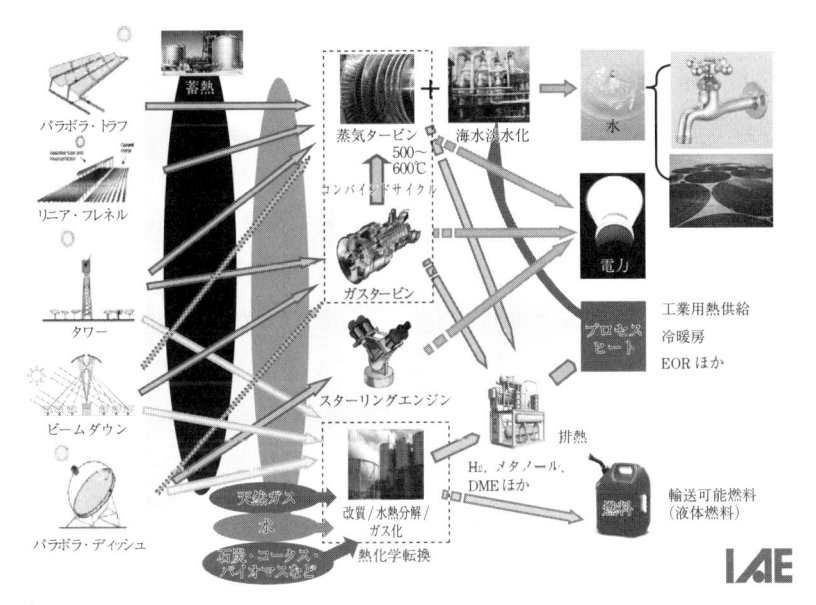

図 5.1　集光型太陽熱利用とそれによってもたらされる製品

可能なパラボラ・トラフ型とリニア・フレネル型がある。また，タワー型とそのバリエーションであるビームダウン型は，集光度が高く，高温の熱供給に適する。さらに集光度が高いパラボラ・ディッシュ型は，さらに高温の熱も供給可能であるが，装置が小型という問題もある。

　中高温の熱から最終的に何を作り出すかによって，転換技術は異なる。集光型太陽熱利用の場合，主目的は発電であることが多い。発電方法は水蒸気を製造して蒸気タービンを回すのが一般的である。しかし，高温が得られるタワー型では，蒸気タービンを回すだけではなくガスタービンに太陽熱を導入するソーラガスタービンの開発も各国で進んでいる。ある程度大型のガスタービンを使用すれば，コンバインドサイクルとすることも可能であり，その場合にはさらに発電効率は向上する。パラボラ・ディッシュ型では，スターリングエンジンを回して発電するのが一般的である。

　発電以外の太陽熱利用としては，太陽熱の化学燃料化（ソーラフューエル）がある。太陽熱の化学燃料化では，これまで太陽熱発電を目的に開発されてき

たCSPを熱化学反応のプロセスヒートの供給用に使用することで，大きな吸熱反応に太陽熱を活用し，水素やメタノール・DMEなどのクリーンエネルギーの製造を行うものである。この燃料化技術は，特に日本のようなサンベルトから遠く離れた地域では有効であり，サンベルトで製造した太陽熱由来の水素や合成ガスなどの化学燃料を，中期的にはメタノールやDMEなどの液体燃料に，長期的には液化水素/有機ハイドライドなどに転換することで，太陽エネルギーの貯蔵・エネルギー消費地への渡洋輸送などが容易となる。

太陽熱燃料化の反応プロセスは，水の熱分解による水素製造プロセスと，高温太陽集熱を利用して天然ガスや石炭などの化石燃料を熱量的にアップグレードして合成ガスに転換するハイブリッドプロセスに大きく分けられる。水の熱分解による水素製造プロセスでは，熱源としての高温太陽集熱と燃料ではない「水」から酸素と水素が得られることから「100%ソーラ燃料」とみなすことができる。また，得られた水素を液化することで，エネルギー貯蔵と輸送が容易となる。一方，ハイブリッドプロセスは炭素資源を高温太陽熱でガス化するソーラガス化プロセスと，天然ガスの改質反応に高温太陽熱を用いるソーラ改質プロセスが代表的なものである。ソーラガス化プロセスでは生成する合成ガスの総熱量のおよそ33%が太陽熱由来となり，ソーラ改質プロセスではおよそ25%が太陽熱由来であるソーラハイブリッド燃料が得られる。ハイブリッドプロセスでは水素と一酸化炭素からなる合成ガスが得られ，水性ガスシフト反応（$CO + H_2O \rightarrow CO_2 + H_2$）を通じてガス組成を適宜調整し，メタノールやDMEなどの液体燃料に転換され，輸送・貯蔵性に適した形態に変換することもできる。

このような太陽集熱の燃料化に関する研究は，サンベルトのような海外の豊富な太陽エネルギーを貯蔵・輸送しクリーンに利用する重要な技術であることから，国際エネルギー機関（IEA）が進めるSolar PACESを中心として欧米の大学・研究機関でおもな研究開発が行われている。しかし，日本では一部の大学を除き，大学や国立の研究機関でのアクティビティが乏しいのが現状である。太陽集熱の燃料化技術を確立していくには，研究者・技術者の人材育成や

国の支援が必須であり，絶え間ない技術開発・研究の継続や継承が重要である．特に，燃料電池の開発や普及が進み，その燃料の供給形態が重要な研究開発テーマとなっており，メタノールやDMEは常温・常圧で液体であり，水素転換も容易であることから，燃料電池への水素供給媒体として優れている．また，石油枯渇後の代替液体燃料として，供給インフラの整備も水素に比べて軽微とみられる．さらに将来的には，エネルギー消費地で回収・固定されたCO_2もソーラガス化やソーラ改質の反応プロセスに取り入れることで，炭素資源として利用することも可能であり，燃料生産地と消費地を結ぶグローバルなCO_2循環社会の構築の可能性も期待される．

また，燃料化以外のプロセスヒートの利用分野も多様な用途がある．この用途には一般に，発電やソーラフューエルの製造過程で必要とされるような高温は不要であり，低・中温レベルで十分である．低・中温の熱はコレクタからの直接供給のほか，ソーラフューエル製造などの排熱も利用可能であり，蒸発法の海水淡水化，工場への蒸気供給，乾燥地帯での太陽熱による吸収式冷房装置の稼働など多様な用途がある．

CSPは再生可能エネルギーによる発電の切り札の一つとして，発電容量が伸びていくと見込まれる．日本のCSPは30年近い空白を経て復活しつつあるが，CSP技術の先進国との間には隔たりがある．しかし，CSP技術自体はまだ未成熟の部分が多く，日本企業が新規参入し追いつくことは可能であると考えられる．今後，再生可能エネルギーの導入が不可欠となる社会的背景と，莫大な発電ポテンシャルを考え合わせると非常に魅力的である．日本のようにDNIが低い地域では，CSPの低コスト化には自ずと限界があるため，国内での利用を想定した集光から発電までを行うプラントに関しては，商業ベースでの導入は困難であると考えられる．しかし，例えば，石炭火力発電所などで太陽熱を用いた蒸気供給や給水加熱として利用すれば，導入のハードルが一挙に低くなる．このような方法をとれば，火力発電所側では燃料費の削減になり，また，当然ながらCO_2排出削減にもつながる．今後CO_2排出規制が強化され，コストが増加することが予測されるが，太陽熱発電および太陽熱利用の技術を

組み込むことにより，この問題を緩和することが可能である．国内で開発した技術を活用し，海外でのCSP発電プラント建設や発電事業への新規参入など，海外展開を想定する場合には日本企業にとっては魅力が大きい分野である．特に，ビームダウン方式の集光システムはイスラエルが最初に開発した集光技術であるが，現在では日本企業の三井造船（株）がアブダビで，三鷹光器（株）が東京都三鷹市に建設し，集光試験を進めるなど，日本の集光技術が世界のCSP技術開発の一翼を担い始めている．上述のように国内での火力発電所への蒸気供給などで実績を積むことができれば，海外展開はより容易に進むと考えられる．また，国内では発電よりもむしろ中低温のプロセスヒート供給に十分な可能性がある．また，エネルギー安全保障の点から，海外のサンベルトで燃料を製造して日本へと輸送するソーラフューエルの選択肢も，今後さらに重要になっていくと考えられる．

引用・参考文献

はじめに，1章

1) IEA：Energy Technology Perspectives（2008）
2) M. J. Blanco：Concentrating Solar Thermal Power Technology Close Up, CENER プレゼンテーション資料
3) A. Gazzo, C. Kost, et al.：Middle East and North Africa Region Assessment of the Local Manufacturing Potentialfor Concentrated Solar Power（CSP）Projects, World Bank/ESMAP（2011）
4) Mehos, D. Kabel, et al.：Planting the seed, IEEE Power & Energy Magazine, Vol.7, Issue 3（2009）
5) C. Richter, S. Teske, et al.：Concentrating Solar Power Global Outlook 09, Solar PACES, ESTELA, and Green Peace（2009）
6) R. Diver, G. Kolb, et al.：Renewable Energy Technology Characterizations, TR-109496 EPRI and DOE（1997）（5-34, Figure 5）
7) R. Pitz-Paal, J. Dersch, et al.：European Concentrated Solar Thermal Road-mapping,（ECOSTAR）DLR（2005）
8) IEA：Technology Roadmap, Concentrating Solar Power, IAE（2010）
9) F. Trieb, C. Schillings, et al.：Global Potential of Concentrating Solar Power, SolarPACES（2009）
10) Solar Millennium 社 ホームページ
11) Desertec Foundation ホームページ

2章

12) K. Aiuchi, K. Yoshida, et al.：Sensor-controlled heliostat with an equatorial mount, Solar Energy, 80, pp.1089-1097（2006）
13) 長沢 工：天体の位置計算（増補版），地人書館（1985）
14) S. Meyen, E. Lüpfert, et al.：Optical Characterisation of Reflector Material for Concentrating Solar Power Technology, SolarPACES（2009）

15) http://www.mech.tohoku.ac.jp/mech-labs/yugami/research/solar_abs/solar_abs_info.html
16) S. Relloso and E. Delgado：Experience with Molten Salt Thermal Storage in a Commercial Parabolic Trough Plant. ANDASOL-1 Commissioning and Operation, SolarPACES（2009）
17) J. E. Pacheco, S.K. Showalter, W.J. Kolb：Development of a Molten-Salt Thermocline Thermal Storage System for Parabolic Trough Plants, Proceedings of Solar Forum, Washington（2001）
18) D. Laing, W-D. Steinmann, R. Tamme et al.：Solid media thermal storage for parabolic trough power plants, Solar energy, 80, pp.1283-1289（2006）
19) X. Py, N. Calvet, et al.：Low-Cost Recycled Material for Thermal Storage Applied to Solar Power Plants, SolarPACES（2009）
20) A. Meffre, X. Py, R. Olives, et al.：Hith Temperature Thermal Energy Storage Material from Vitrified Fly-Ashes, SolarPACES（2011）
21) E. Zarza, L. Valenzuela, et al.：Direct steam generation in parabolic troughs：Final results and conclusions of the DISS project, Energy 29, pp.635-644（2004）
22) F. Schaube, A. Wörner, et al.：High Temperature Thermo-Chemical Heat Storage for CSP Using Gas-Solid Reactions, SolarPACES（2010）

3章

23) PSA Annual Report 2005（2005）
24) M. Hoyer, T. Thaufelder, et al.：Technological Improvements for Solar Thermal Power Plants, SolarPACES（2010）
25) A. Schweitzer, W. Schiel, et al.：Ultimate trough®-The Next Generation Collector for Parabolic Trough Power Plants SolarPACES（2011）
26) W. Schiel, A. Schweitzer, et al.：Collector Development for Parabolic Trough Power Plants at Schleich Bergermann und Partner, SolarPACES（2006）
27) N. Castañeda, J. Vázquez, et al.：SENER Parabolic Trough Collector Design and Testing, SolarPACES（2006）
28) Status Report on Solar Trough Power Plants, Pilkington（1996）
29) H. Price, R. Forristall, et al.：Field Survey of Parabolic Trough Receiver Thermal Performance, NREL/CP-550-39459
30) T. Wendelin：Parabolic Trough Optical Characterization at the National Renewable Energy Laboratory, NREL/CP-550-37101（2005）

31) R. B. Pettit : Characterization of Reflected Beam Profile of Solar Mirror Materials, Solar Energy, Vol.19, No.6, pp.773-741 (1977)
32) G. Morin, J. Dersch, et al. : Comparison of Linear Fresnel and Parabolic Trough Collector Systems-Influence of Linear Fresnel Collector Design Variations on Break Even Cost, SolarPACES (2009)
33) G. E. Cohen, D. W. Kearney, et al. : Final Report on the Operation and maintenance Improvement Program for Concentrating Solar Power Plants, SAND99-1290 (1999)
34) R. Cable : Solar Trough Generation-The California Experience, Presented at ASES FORUM 2001, Washington DC (2001)
35) E. Zarza and K. Hennecke : Direct Solar Steam Generation in Parabolic Troughs ~ DISS！-The First Year of Operation of the DISS Test Facility on the Plataforma Solar de Almeria, SolarPACES (2000)
36) M. Falchetta, D. Mazzei, et al. : Design of the Archimede 5 MW Molten Salt Parabolic Trough Solar Plant, SolarPACES (2009)
37) Bradshaw, R. W. : Effect of Composition on the Density of Multi-Component Molten Nitrate Salts, SAND2009-8221, Sandia National Laboratories (2009)
38) J. G. Cordarol, N. C. Rubin, et al. : Multi-Component Molten Salt Mixtures Based on Nitrate/Nitrite Anions, SolarPACES (2010)
39) R. Bernhard, H.-G. Laabs, et al. : Linear Fresnel collector demonstration on the PSA Part I-Design ; construction and quality control, SolarPACES (2008)
40) W.J. Platzer, A. Georg, et al. : Quality Control of Concentrating Collector Components for the Optimization of Performance, SolarPACES (2008)
41) M. Selig and M. Mertins : From Saturated to Superheated Direct Solar Steam Generation—Technical Challenges and Economical Benefits, SolarPACES (2010)
42) J. D Pye, G. L Morrison, et al. : Transient Modeling of Cavity Receiver Heat Transfer for the Compact Linear Fresnel Reflector, Destination Renewables—ANZSES (2003)
43) J. Dersch, G. Morin, et al. : Comparison of Linear Fresnel and Parabolic Trough Collector Systems—System Analysis to Determine Break Even Costs of Linear Fresnel Collectors, SolarPACES (2009)
44) F. Trieb, et al : Concentrating Solar Power for Seawater Desalination, DLR (2007)
45) G. Hautmann, M. Selig, et al. : First European Linear Fresnel Power Plant in Operation—Operational Experience & Outlook, SolarPACES (2010)

46) 10 MW Solar Thermal Power Plant for Southern Spain, Final Technical Progress Report, Abengoa Solar
47) J. A. Gary, C. K. Ho, et al. : Development of a Power Tower Technology Roadmap for DOE, SolarPACES (2010)
48) S. Schell : Design and Evaluation of eSolar's Heliostat Fields, SolarPACES (2009)
49) C. E. Tyner and J. E. Pacheco : eSolar's Power Plant Architecture, SolarPACES (2009)
50) P. K. Falcone : A Handbook for Solar Central Receiver Design, SAND, 86-8009 (1986)
51) P. K. Meduri, C. R. Hannemann, et al. : Performance Characterization and Operation of eSolar's Sierra suntower power tower plant, SolarPACES (2010)
52) B. Hoffschmidt, K. Geimer, et al. : Innovative Volumetric Absorber Structures for Solar Tower Power Plants, SolarPACES (2009)
53) K. Hennecke, P. Schwarzbözl, et al.:Solar Power Tower Jülich, SolarPACES (2008)
54) S. Zunft, M. Hänel, et al. : High-Temperature Heat Storage for Air-Cooled Solar Central Receiver Plants : A Design Study, SolarPACES (2009)
55) SOLGATE Solar Hybrid Gas Turbine Electric Power System, ORMAT, CIEMAT, DLR, SOLUCAR, and TUMA, EUR21615 (2005)
56) G.J. Kolb, S.A. Jones, et al. : Heliostat Cost Reduction Study, SAND2007-3293 (2007)
57) C. E. Andraka and M. Powell : Dish Stirling Development for Utility-Scale Commercialization, SolarPACES (2008)
58) R. Dunn, K. Lovegrove, et al. : Ammonia Receiver Design for a 500 m^2 Dish, SolarPACES (2010)
59) EuroDish—Stirling System Description, Schlaich Bergermann und Partner (2002)
60) P. Carden : A Large Scale Solar Plant Based on the Dissociation and Synthesis of Ammonia, Technical Report EC-TR-8 (1974)
61) R.I. Dunn, K. Lovegrove and G. Burgess : Ammonia Receiver Design for Dish Concentrators, SolarPACES (2009)
62) G. J. Kolb : Solar Power Tower R & D, Solar Energy Technologies Program Peer Review, pp.24-27, Washington D.C. (2010)
63) K. A. Mitropoulos, N. C. Sakellariou, et al. : Towards the Integration of CSP and Desalination Technology in Non-Interconnected Electricity Networks, SolarPACES (2010)

4章

64) T. Kodama : High-temperature solar chemistry for convertingsolar heat to chemical fuels, Prog. Energy Combust. Sci., 29, p.567 (2003)
65) T. Kodama, N. Gokon : Thermochemical cycles for hightemperaturesolar hydrogen production, Chem. Rev. 107, p.4048 (2007)
66) P. Charvin, S. Abanades, F. Lemort, G. Flamant : Analysis of solar chemical process for hydrogen production from water splitting thermochemical cycles, Enenrgy Conversion and Management, 49, pp.1547-1556 (2008)
67) IEA-Solar PACES Implementing Agreement of the International Energy Agency, Solar Fuels from Concentrated Sunlight.
68) T. Pregger, D. Graf, W. Krewitt, C. Sattler, M. Roeb, S. Moller, Prospects of solar thermal hydrogen production processes, International Journal of Hydrogen Energy, 34, pp.4256-4267 (2009)
69) D. Graf, N. Monnerie, M. Roeb, M. Schmitz and C. Sattler : Economic comparison of solar hydrogen generation by means of thermochemical cycles and electrolysis, Int. J. Hydrogen Energy, 33, pp.4511-4519 (2008)
70) G. J. Kolb, R. B. Diver, N. Siegel : Central-station solar hydrogen power plant, Journal of Solar Energy Engineering, 129, pp.179-183 (2007)
71) K. F. Knoche : Thermochemical H_2-production with a solar driven sulphur-iodine-process, Solar Thermal Energy Utilization. DLR, 4 : 441-98 (1988)
72) R. Liberatore : S-I solar evaluation costs and considerations on economic comparisons among thermochemical cycles, ENEA Rome, Italy, IEA/HIA Task 25 meeting-Rome, 9th-10th (2008)
73) A. Vidal : 日本エネルギー学会誌, Vol.90, No.4 (2011)
74) T. Kodama, T. Seo, N. Gokon, J. Lee, S. Oh, K. Sakai, N. Imaizumi : 5 kWth-solar demonstration of a ferrite foam device reactor for thermochemical two-step water-splitting, Solar PACES 2010, Perpinan, France, pp.21-25 (2010)
75) H. Kaneko, A. Fuse, T. Miura, H. Ishihara, Y. Tamaura : Two-step water splitting with concentrated solar heat using rotary-type solar furnace, In Proceedings of 13th International Symposium on Concentrated Solar Power and Chemical Energy Technologies, Seville, Spain (2006)
76) W. C. Chueh, C. Falter, M. Abbott, D. Scipio, P. Furler, S. M. Haile, A. Steinfeld : High-Flux Solar-driven thermochemical dissociation of CO_2 and H_2O using

nonstoichiometric ceria, Science, 330, pp.1797-1801 (2010)
77) N. Gokon, T. Mataga, N. Kondo and T. Kodama : Thermochemical two-step water splitting by internally circulating fluidized bed of $NiFe_2O_4$ particles : Successive reaction of thermal-reduction and water-decomposition steps, International Journal of Hydrogen Energy, 36 [8] pp.4757-4767 (2011)
78) 国内特許出願：特願 2009-275837, 国際特許出願：PCT/JP2010/071485 「水熱分解による水素製造法及び水素製造装置」, 発明者：児玉竜也・郷右近展之
79) R. McNaughton, S. R. McEvoy, G. Hart, J.-S. Kim, K. Wong, W. Stein : Experimental results of solar reforming on the 200 kW SolarGas reactor, SolarPACES 2010, Perpinan, France, pp.21-25 (2010)
80) N. Gokon, D. Nakano, T. Kodama : High-Temperature Carbonate/MgO Composite Materials as Thermal Storage Media for Double-Walled Solar Reformer Tubes, Solar Energy, 82 [12] pp.1145-1153 (2008)
81) S. Moler, et al. : Proc. of the 1st European Hydrogen Energy Conference, 2-5, Grenoble, France (2003)
82) N. Gokon, Y. Yamawaki, N. Daisuke and T. Kodama : $Ni/MgO-Al_2O_3$ and Ni-Mg-O catalyzed SiC foam absorbers for high temperature solar reforming of methane, International Journal of Hydrogen Energy, 35 [14] pp.7441-7453 (2010)
83) D. Gregg, R. Taylor, J. Campbell, J. Taylor and A. Cotton : Solar gasification of coal, activated carbon, coke and coal and biomass mixtures, Solar Energy, 25, pp.353-364 (1980)
84) R. Taylor, R. Berjoan, and J. Coutures : Solar gasification of carbonaceous materials Solar Energy, 30, pp.513-525 (1983)
85) A. Z'Graggen, P. Haueter, D. Trommer, M. Romero, J. C. de Jesus, and A. Steinfeld : Hydrogen production by steam-gasification of petroleum coke using concentrated solar power—II reactor design, testing, and modeling, International Journal of Hydrogen Energy, 31, pp.797-811 (2006)
86) International Energy Agency (IEA), Solar Power and Chemical Energy systems, SolarPACES Annual Report 2009, Edited by C. Richter, 4.1-4.14 (2010)
87) T. Kodama, S. Enomoto, T. Hatamachi, N. Gokon : Application of an internally circulating fluidized bed for windowed solar chemical reactor with direct Irradiation of reacting particles, ASME Journal of Solar Energy Engineering, 130, 014504-1-4 (2008)
88) T. Kodama, N. Gokon, S. Enomoto, S. Itoh, T. Hatamachi : Coal Coke gasification in

a windowed solar chemical reactor for beam-down optics, ASME Journal of Solar Energy Engineering, 132 [4], 041004-1-6 (2010)

89) N. Gokon, R. Ono, T. Hatamachi, L. Liuyun, H.-J. Kim, A. Sakurai, K. Matsubara, T. Kodama : 3 kW$_{th}$ Internally circulating fluidized bed reactor for solar gasification of coal cokes, SolarPACES 2011, Granada, Spain, pp.20-23 (2011)

―― 著者略歴 ――

吉田　一雄（よしだ　かずお）

1979 年	東京理科大学工学部機械工学科卒業
1981 年	東京工業大学大学院理工学研究科修士課程修了（生産機械工学専攻）
1981 年	日本鉱業株式会社勤務
1989 年	フランス ELF 社交換研究員
1990 年	工学博士（東京工業大学）
1996 年	財団法人日本エネルギー経済研究所出向
1999 年	財団法人エネルギー総合工学研究所出向
2004 年	財団法人石油産業活性化センター出向
2008 年	財団法人エネルギー総合工学研究所出向
2012 年	独立行政法人石油天然ガス・金属鉱物資源機構 技術コンサルタント
2012 年	財団法人エネルギー総合工学研究所参事
	現在に至る

児玉　竜也（こだま　たつや）

1990 年	東京工業大学理学部化学科卒業
1992 年	東京工業大学大学院理工学研究科博士前期課程修了（化学専攻）
1994 年	東京工業大学大学院理工学研究科博士後期課程修了（化学専攻） 博士（理学）
1995 年	新潟大学助手
1997 年	新潟大学助教授
2003 年	新潟大学教授
	現在に至る

郷右近　展之（ごうこん　のぶゆき）

1995 年	茨城大学工学部物質工学科卒業
1997 年	東京工業大学大学院総合理工学研究科博士前期課程修了（材料科学専攻）
2000 年	東京工業大学大学院総合理工学研究科博士後期課程修了（材料物理科学専攻） 博士（工学）
2003 年	東京工業大学助手
2005 年	新潟大学助手
2007 年	新潟大学助教
2009 年	新潟大学准教授
	現在に至る

太陽熱発電・燃料化技術
― 太陽熱から電力・燃料をつくる ―

Ⓒ 一般社団法人 日本エネルギー学会　2012

2012 年 8 月 31 日　初版第 1 刷発行

検印省略	編　者	一般社団法人 日本エネルギー学会 東京都千代田区外神田 6-5-4 借楽ビル（外神田）6F ホームページ http://www.jie.or.jp
	著　者	吉　田　一　雄 児　玉　竜　也 郷右近　展　之
	発行者	株式会社　コ ロ ナ 社 代表者　牛来真也
	印刷所	萩原印刷株式会社

112-0011　東京都文京区千石 4-46-10

発行所　株式会社　コ ロ ナ 社
CORONA PUBLISHING CO., LTD.
Tokyo　Japan

振替 00140-8-14844・電話 (03) 3941-3131 (代)

ホームページ　http://www.coronasha.co.jp

ISBN 978-4-339-06830-6　（安達）　　（製本：愛千製本所）
Printed in Japan

本書のコピー，スキャン，デジタル化等の無断複製・転載は著作権法上での例外を除き禁じられております。購入者以外の第三者による本書の電子データ化及び電子書籍化は，いかなる場合も認めておりません。

落丁・乱丁本はお取替えいたします

エネルギー便覧

（資源編）　（プロセス編）

日本エネルギー学会 編
編集委員長：請川 孝治（産業技術総合研究所・理事）

★ 資　源　編：B5判／334頁／定価　9,450円 ★
★ プロセス編：B5判／850頁／定価 24,150円 ★

刊行にあたって

　21世紀を迎えてわれわれ人類のさらなる発展を祈念するとき，自然との共生を実現することの難しさを改めて感じざるをえません。近年，アジア諸国をはじめとする発展途上国の急速な経済発展に伴い，爆発的な人口の増加が予想され，それに伴う世界のエネルギー需要の増加が予想されます。

　石炭・石油などの化石資源に支えられた20世紀は，われわれに物質的満足を与えてくれた反面，地球環境の汚染を引き起こし地球上の生態系との共存を危うくする可能性がありました。

　21世紀におけるエネルギー技術は，量の確保とともに地球に優しい質の確保が不可欠であります。同時に，エネルギーをいかに上手に使い切るか，いわゆる総合エネルギー効率をどこまで向上させられるかが重要となります。

　（旧）燃料協会時代に刊行された『燃料便覧』は発刊後すでに20年を経過し，目まぐるしく変化する昨今のエネルギー情勢のなかで，その存在価値が薄れつつあります。しかしながら，エネルギー問題は今後ますますその重要性を高めると考えられ，今般，現在のエネルギー情勢に適応した便覧を刊行することになりました。

　本エネルギー便覧は，「資源編」と「プロセス編」の2分冊とし，エネルギー分野でご活躍の第一線の技術者・研究者のご協力により，「わかりやすい便覧」を作成いたしました。皆様の座右の書として利用していただけるものであると自負しております。

　最後に，本書が学術・産業の発展はもとより，エネルギー・環境問題の解決にいささかでも寄与できることを祈念します。

主要目次

【資源編】

Ⅰ．総　論〔エネルギーとその価値／エネルギーの種類とそれぞれの特徴／2次エネルギー資源と2次エネルギーへの転換／エネルギー資源量と統計／資源と環境からみた各種非再生可能エネルギーの特徴／エネルギー需給の現状とシナリオ／エネルギーの単位と換算〕

Ⅱ．資　源〔石油類／石炭／天然ガス類／水力／地熱／原子力（核融合を含む）／再生可能エネルギー／廃棄物〕

【プロセス編】

石油／石炭／天然ガス／オイルサンド／オイルシェール／メタンハイドレート／水力発電／地熱／原子力／太陽エネルギー／風力エネルギー／バイオマス／廃棄物／火力発電／燃料電池／水素エネルギー

定価は本体価格+税5％です。
定価は変更されることがありますのでご了承下さい。

図書目録進呈◆

地球環境のための技術としくみシリーズ

(各巻A5判)

コロナ社創立75周年記念出版 〔創立1927年〕

■編集委員長　松井三郎
■編集委員　小林正美・松岡　譲・盛岡　通・森澤眞輔

	配本順			頁	定価
1.	(1回)	今なぜ地球環境なのか　松井三郎編著 松下和夫・中村正久・髙橋一生・青山俊介・嘉田良平 共著		230	3360円
2.	(6回)	生活水資源の循環技術　森澤眞輔編著 松井三郎・細井由彦・伊藤禎彦・花木啓祐 荒巻俊也・国包章一・山村尊房 共著		304	4410円
3.	(3回)	地球水資源の管理技術　森澤眞輔編著 松岡　譲・髙橋　潔・津野　洋・古城方和 楠田哲也・二村信男・池淵周一 共著		292	4200円
4.	(2回)	土壌圏の管理技術　森澤眞輔編著 米田　稔・平田健正・村上雅博 共著		240	3570円
5.		資源循環型社会の技術システム　盛岡　通編著 河村清史・吉田　登・藤田　壮・花嶋正孝 宮脇健太郎・後藤敏彦・東海明宏 共著			
6.	(7回)	エネルギーと環境の技術開発　松岡　譲編著 森　俊介・槌屋治紀・藤井康正 共著		262	3780円
7.		大気環境の技術とその展開　松岡　譲編著 森口祐一・島田幸夫・牧野尚夫・白井裕三・甲斐沼美紀子 共著			
8.	(4回)	木造都市の設計技術 小林正美・竹内典之・髙橋康夫・山岸常人 外山　義・井上由起子・菅野正広・鉾井修一 古田治典・鈴木祥之・渡邉史夫・高松　伸 共著		282	4200円
9.		環境調和型交通の技術システム　盛岡　通編著 新田保次・鹿島　茂・岩井信夫・中川　大 細川恭史・林　良嗣・花岡伸也・青山吉隆 共著			
10.		都市の環境計画の技術としくみ　盛岡　通編著 神吉紀世子・室崎益輝・藤田　壮・鳥谷幸宏 福井弘道・野村康彦・世古一穂 共著			
11.	(5回)	地球環境保全の法としくみ　松井三郎編著 岩間　徹・浅野直人・川勝健志・植田和弘 倉阪秀史・岡島成行・平野　喬 共著		330	4620円

定価は本体価格+税5％です。
定価は変更されることがありますのでご了承下さい。

図書目録進呈◆

シリーズ　21世紀のエネルギー

（各巻A5判）

■日本エネルギー学会編

		著者	頁	定価
1.	21世紀が危ない ― 環境問題とエネルギー ―	小島紀徳著	144	1785円
2.	エネルギーと国の役割 ― 地球温暖化時代の税制を考える ―	十市　勉 小川芳樹 佐川直人 共著	154	1785円
3.	風と太陽と海 ― さわやかな自然エネルギー ―	牛山　泉他著	158	1995円
4.	物質文明を超えて ― 資源・環境革命の21世紀	佐伯康治著	168	2100円
5.	Ｃの科学と技術 ― 炭素材料の不思議 ―	白石・大谷 京谷・山田 共著	148	1785円
6.	ごみゼロ社会は実現できるか	行本正雄 西　哲生 立田真文 共著	142	1785円
7.	太陽の恵みバイオマス ― CO_2を出さないこれからのエネルギー ―	松村幸彦著	156	1890円
8.	石油資源の行方 ― 石油資源はあとどれくらいあるのか ―	JOGMEC調査部編	188	2415円
9.	原子力の過去・現在・未来 ― 原子力の復権はあるか ―	山地憲治著	170	2100円
10.	太陽熱発電・燃料化技術 ― 太陽熱から電力・燃料をつくる ―	吉田一雄 児玉竜也 郷右近展之 共著	174	2200円

以下続刊

21世紀の太陽電池技術　　荒川裕則著

マルチガス削減　　黒沢敦志著
― エネルギー起源CO_2以外の温暖化要因を含めた総合対策 ―

バイオマスタウンとバイオマス利用設備100　森塚・山本・吉田共著

キャパシタ　　直井・石川・白石共著
― これからの「電池ではない電池」―

石炭資源の行方　　島田荘平著
― 21世紀の石炭資源開発技術 ―

定価は本体価格+税5％です。
定価は変更されることがありますのでご了承下さい。

図書目録進呈◆